體內年齡
23歲！

奈大嬸變XS小姐

貴婦奈奈 著

38歲 代謝比20歲好！

大食女49天
甩肉排毒 奇蹟變身
全搞定

Sorry,
我不是故意嚇你們！這是2年前的我。
從小到大，我一直以為自己是個瘦子，只是看起來肉肉的而已！

20多年來，我都這樣被鼓勵著……
奈爸奈媽：「盡量吃！多吃一點。像我們小端這樣的體格最標準。」
黃博總愛在深夜約我吃宵夜：「我最喜歡看妳吃東西了，吃得嘴巴鼓鼓的，好可愛。」
專櫃小姐：「這衣服只有妳撐得起來，有一點肉才好看。」
我：「但我感覺一蹲下就會撐破耶，不只是撐起來。」
專櫃小姐：「咦？有點緊是嗎？哎呀，這不是妳的問題，是衣服版子做太小了。」

我真的不胖！只是不知道為什麼很多衣服只穿得下L號?!

Contents
目錄

奈嬸的誕生

變胖不知不覺，變瘦度日如年。

奈嬸的覺醒

流傳 20 多年，彷彿幸運信般不斷躺在大家信箱的
榮總三日減肥餐！

奈嬸的逆襲

大嬸魂走開！（撒鹽～）不要上我身！

CHAPTER
04

自創激瘦料理

越吃越瘦好驚人！

CHAPTER
05

你不能不知道的減重秘密

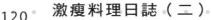

給自己最好的禮物就是一副健康美的青春肉體

沒有開始就沒有機會，沒有堅持就沒有結果

　　我的 2012 絕對是夢境般的一年。從未想過運動和料理會同時在這年成為我的基本生活，也未想過有天我可以不必研究顯瘦穿搭，大方的把襯衫塞進短褲裡再搭平底鞋！顯胖？I don't care！更大的轉變是身材變得精實後，不再沒安全感的亂買衣服、配件往身上披掛。只要簡單穿，走路都有風！（呼呼呼）

　　我今年 38 歲，身高 165 公分，體重 50 公斤（Before：59 公斤），胸圍：87 公分（Before：90 公分）、腰圍 65 公分（Before：80 公分）、臀圍 90 公分（Before：99 公分），手臂上圍 25 公分（Before：31 公分）大腿圍 46 公分（Before：54 公分），小腿圍 32 公分（Before：34 公分），體脂肪 23.0（Before：32），體內年齡 23 歲（Before：39 歲），基礎代謝 1139 卡（基礎代謝率會隨著體重和年齡變動），我比 25 年前更滿意自己的狀態。

　　這本書記錄我這 9 個月的變身過程，本以為中女瘦身難如登天，原來一點也不晚，速度也不慢！只動 7 天就有明顯的外型轉變，再動 49 天就整個脫胎換骨！從一開始邊吃邊運動，三個月後改變策略：1.改變運動頻率 2.改變飲食習慣。運動搭配飲食的好處不只減肉、修身、活化細胞和肌肉，更棒的是口氣、體味、膚況、消化系統甚至靈感和思路都有了大改善！還經歷一次大排毒的好轉反應，體外、體內全淨化了。

　　如果你常覺得壓力大、睡眠不足、精神不好、心情不好，一定要運動（游泳、跳舞、跑步、快走、拉筋、啞鈴、瑜珈都行）！但時間不要過長（否則身心都疲勞），只要半小時就能讓腦細胞激活、體力變強、心情變好，是回饋最大的投資（還是在自己身上）！工作忙、沒時間，更應該要吃營養美麗的食物，別再貪圖方便而吃毫無營養的加工食物

（罐頭、餅乾、泡麵、甜餡麵包、炸雞和任何可能有塑化劑的假果漿果汁……），這等於讓燃燒殆盡的身體，再花更多的時間和力氣工作，卻沒得到任何好處。

以前我一想到運動就怕，連 5 分鐘都無法堅持。我一直很忙，工作時間好長，不是不吃就是亂吃，常一口氣忙到晚上 11 點後才開始大啖燒肉、麻辣鍋，因為極餓，總來不及充分咀嚼就往肚裡吞，吃完又買果汁喝，美其名是犒賞自己，其實是虐待自己，飲食失序混亂，身體器官累壞，睡眠品質也糟透了，得到的報應當然是越來越肥、越來越老。光去年就閃到 3 次腰（急性腰痛），絕對是腰背肥厚、中廣身材的警訊。

後來，我決定不把別人的要求排在我的需求前面，每天給自己一小時修身養心，把腦袋清空，把時間交出來，每週花兩小時處理一星期的食物（存放大量水果、製作大量漬物、味噌肉、糖心蛋），堅持早上吃水果，盡量生食和鮮食。養成一個新習慣很不容易，但一定要堅持 14 天，14 天後便熟能生巧，不管是料理或外食都能掌握最棒的飲食原則。

早就知道每天運動比不運動的人平均多出 5.6 年壽命，但真正讓我堅持每天運動的原因是看了鄭多蓮的美妙身形，46 歲就像 26 歲，看了俄羅斯國寶級芭蕾舞蹈家 Maya Plisetskaya 的表演，61 歲還優美的在台上跳著垂死的天鵝，動作剪影簡直就像 30 歲，不 20 幾歲，太驚人！80 歲依然腰桿筆直、體態輕盈、優雅迷人，看起來只有 50 歲。最後，用力把我推入運動圈的是韓劇〈祕密花園〉的金社長（玄彬）那句：「看！這女人的全身都是迷人的肌肉！」沒錯！運動的女人緊緻結實，不管坐著或站著都充滿魅力。

我們無法抗拒老化和衰竭，但我們可以選擇以什麼樣子老去。

當初的決定和行動，絕對是我送給 38 歲的自己最好的生日禮物。

推薦序　　　# 不是要不胖，是要瘦！

一直沒有答應給別人寫序，因為⋯⋯從來沒有人邀請我寫，噗。

「因為妳是我減肥的始作俑者。」奈説。

寶貴第一次不能有失，我説要用心寫。

「不用。」她答：「當聊天便行。」

我們不是要不胖，我們是要瘦！

Well，平常我們聊的都是國家大事人權民生，咳⋯咳⋯修身齊家治國平天下，對一個女子而言，減肥修身也做不好，如何談下一步？

村婦比：胖不是你穿長袖就可以遮掩，胖會令你看起來老氣又土氣。

不需要整容，胖與瘦，加上穿搭，可以換成另一個人、過另一種人生。

2010 年奈奈和 Paul 來香港遊玩，第一次看到真人，出席完紅酒嘉年華的奈，臉紅紅的，熱情又豪爽地打招呼，印象跟網上一樣良好。

秋天的關係，衣服包裹著身體，陌生人單從外表，真看不穿這魔女的年齡與體態。

幾次飯聚，驚訝此女擁有黑洞胃，什麼都吃，而且很愛吃，很多女生抗拒的澱粉質更是最愛，閒聊間，好像也沒有特別運動 Keep Fit.

直到有天，奈奈私傳一張「肉」照給我，OMG 竟然把肥肉收藏得這麼好！

（已按作者要求，需要多描述她 XDD)

當人人都猛説奈沒有胖，不用減云云，我的潛台詞卻是，拜託！胖子才不怕胖啊！因為都已經胖了，還有什麼好害怕？

時尚的最大敵人是什麼？不是 bad taste，而是肥肉！

作家亦舒也説，人一胖便會顯得村里村氣。

"村婦比"進化成"巴黎時尚比"

我朋友曾在潮店買衣服，她問有沒有大碼，售貨員說：「對不起，我們的衣服不是設計給胖子穿的。」時尚一定要瘦嗎？胖子不可以時尚嗎？胖子是沒問題，如果你自己享受的話，那你幹嘛還看這本書？還不去吃炸雞腿？

與其買名牌華衣美服，先要擁有標準身材，否則你有考慮過衣服的感受嗎？
你滿意自己的身材嗎？我不。

於是開始減肥大作戰！

（左起：Kyon、Abby、我，三年後我們都變了一個樣！）

每天互相搖控監督大家的進度，跑步了有木有？鄭多蓮了多久？

減肥是漫長又孤單的路，但沿途有戰友支持打氣，堅持下去的力量會大增。
不要捱餓、不要吃藥，要健康地美麗，正在看這本書的朋友們，一起跟著奈孀如何變回小姐，奈奈可以，你們也行，現在不減，難道50歲才穿比堅尼嗎？

跟 Abby 第一次見面那天是這樣，正面看還行，藏得好好。

一轉側面還得了！

香港長空旅遊天書出版副總監
《東京食玩買天書》作者

Abby

大家焦點不要放在我的帥哥好友史都身上（有健身比較紅？），這張照片要呈現的重點是：（（（（我沒有腰！））））背部是我看不見的神秘地帶！

藉著奈奈，開始你的奇妙旅程！

這是一本超實用的減肥書！

在醫院從事減重工作，數年下來也圓了一千多人順利達成減重的願望。這些來到醫院尋求減重的每一個人，之前都試過各種「特效減肥法」，或者是各種「名人減肥法」，有些人好像是吹了氣的氣球，越減越肥；有些人一開始就氣勢如虹，體重節節下降，但一段時間後卻發現自己越減越虛，附上一堆身體的副作用；更多的人體重好像是雲霄飛車，起起伏伏之後最後還是回到出發點。（只是，玩雲霄飛車之後是 high 翻，體重坐雲霄飛車之後可是悶翻，外加身體越來越多的脂肪。）

飲食加運動，讓自己永遠年輕和苗條的唯二法門，最不花錢而且是最有效的方法。如果你看到的是中間的苦，那每天吃飯或是運動時間，對你來說都好像是吞藥時間，（相信我，沒有人希望自己一輩子吞藥的！）你的心會不斷排斥，不但不能讓減重計劃持續，還換得心理的長期憂鬱。但如果你看到的中間的甘，享受每瘦一公斤或是一公分的快感，你會發現減重這件事真是如此的刺激與有趣，你的心會開始期待，期待自己再次達標的快感。

好多人都告訴我，原來身體是那麼的聰明，它會用如此親密的方式與你對話，告訴你它需要的食物和運動，只要你放下紛擾的思緒，在吃飯的時候吃飯，運動的時候運動。

我好喜歡奈奈在書裡的兩句話：「只要掌握食物類型和食用時間，非瘦不可！」、「平時顧好脊椎和肩胛骨，決定不再駝背就是激瘦的開始！」真的！一輩子當胖子是生活習慣的問題，而要讓自己變瘦子也是生活習慣的改變。抬頭、挺胸、慢食、喝水、吃飽飯別坐著…，肥胖密碼在這裡，減重密碼也在這裡！

奈奈分享了她的減重旅程，找出了所有的減重祕密，用最容易懂的方式讓我們知道。她用的方法很生活化，絕大部分都是我們自己在家裡就可以跟著作的，而且相當符合科學的依據。能用如此的口吻，說出這麼難的話題，這也是奈奈讓大家喜歡與佩服的地方。

如同奈奈說的：「夢想需要付出代價，需要時間養成，懶惰的人絕大部分無法享受美好的人生。」正在看書的你，你絕對不懶，你值的享受你的美好人生！藉著奈奈，你開始你的奇妙旅程。

壢新醫院尊爵體重管理中心 主任
奧亞運中華台北國家代表隊隊醫　**林頌凱**

"大嬸魂"
退散！

CHAPTER 01

奈嬌的誕生

變胖不知不覺，變瘦度日如年。

奈胖報告一

其實我不**胖**，是攝影師跟我**過**不**去**

技術很差的 CPU 一直把我拍成象腿！

難得來一趟馬爾地夫，心寬尺度開，臨時起意在新加坡轉機時買了比基尼，想用陽光、椰影、沙灘、海浪襯背景，拍出幾張性感照。

我有縮小腹，快不能呼吸了，怎麼還是這麼大？！

「相機低一點，再低一點。」「不行、不行，肚子太大，腿太粗，再來一張。」為了把我拍得嬌小可愛，CPU 一直退、一直退……退到快要消失不見。

不是退得遠不遠的問題，是相機高度的問題啊！要擺在腰部的位置由下往上拍。

就這樣，一張又一張，從白天拍到晚上。

到底行不行？沒張能看！怎麼這樣？難道找錯攝影師？

各位讀者們 Sorry，我沒帶好攝影師，所以當時隱藏版比基尼照無法在部落格跟大家見面。

事隔一年再看這組照片，不禁大喊：

「（（（（（大嬌）））））！這不是妳可以擺的姿勢！」

以為自己在拍少女寫真？幾歲了妳？？？

呼～能坦然說出這句公道話，我總算清醒了。

終於明白，那些對攝影師有意見的人都有一個共同點：不肯承認是自己的問題！

不過我的病應該不算太重，至少還戴了墨鏡，手也刻意遮住小腹，雖沒有病識感，還有一點綿薄的羞恥心。

奈嬅曾拍過 Levi's 形象宣傳照。我有牛仔褲恐懼症，下盤（**肚子以下膝蓋以上**）肥大，根本不敢買牛仔褲（**你懂的，卡住的心酸**），可奈嬅心中住著一個小女孩，小女孩的夢想是有天長大可以拍「Levi's 做自己，不設限」那種看起來超跩超有氣勢的形象照，所以還是厚顏的接了這個通告。

選對攝影師還是很重要，至少萬中還能選出一張瘦照。不過大肚腩真的不適合把手叉後腰，好有孕味！

就說一定要由下往上拍，看起來才不胖。

修圖前

這樣才帥啊！

修圖後

所以，胖瘦其實不是攝影師的問題，是後製的問題，會修圖的攝影師可以把沒有曲線的奈嬅修出小女孩的身段，肩膀、肚子、手肘和手臂，連

臉都修了。奈孀的後背肉很厚，挺不起胸，慘。

看過修圖照，被自己迷住了！當時認為這是不可能出現的完美身材。

大 孀 和 小 姐 的 分 隔 線

2011 年 4 月的馬爾地夫之旅並不是我第一次發現自己身材走樣，第一次是 2005 年 12 月，我正在大學教書。

平常不會主動幫我側拍的黃博竟反常地拿起相機偷拍我。

「哇！你竟然幫我拍照，怎麼對我這麼好～」旁邊的店員也好奇的湊過來看。

這什麼？！

「呃……我只是想讓妳看看妳有多胖。」

真賤！

仔細看，我竟把整塊肚子攤在櫃檯桌面上！為什麼人家放的是胸部，我放的是鮪魚肚？！你為什麼不提醒我？還拍下這種難為情的照片？！

那陣子我好愛在結帳時把肚子放櫃檯，只要這麼一放，身體就變得好輕鬆，一路挺著這顆肚子，背和腰都好痠！

我的身體怎麼變這樣？

屁股不是圓的，是方的！

屁股下面不是微笑曲線，是扁平直線！

腰、屁股和大腿連成一直線，側面看沒有曲線、背後看沒有分隔線！

　　雙手環抱往後一摸，厚厚一整片！

　　胸部離家出走，有的搬到胃上面、有的蔓延到手臂、後背，還有宣布獨立的副乳！

　　肚臍……我的肚臍被擠成橫的，不是直的！

　　我把手舉起來，腋下不是印象中凹進去的洞，已是凸出來的肉！

　　大腿內側像綁太緊的金華火腿，厚厚粗粗緊緊地黏在一起！

　　大腿肉掉到膝蓋，膝蓋變得好腫。

　　轉到背後看，大腿後方有擴散掉下來的肉。

　　最讓我無法忍受的是那些覆蓋在大腿上的脂肪導致皮膚凹凸不平，還有摸起來白泡泡的水腫。

那不是我認識的身體！（36 歲）

　　我竟默默把身體搞成這樣！再不醒醒，我還配做身體的主人嗎？

　　拿出好久不見的 TANITA 體重計，站上去。體重 59 公斤，體脂肪 34，基礎代謝 1,035，體內年齡 39 歲（當時日誌紀載的數據）……

　　那年我 33 歲，比預期更早進入大嬸階段。

奈胖報告三

原來我不瘦，我活在國王新衣的世界裡

　　我一直以為自己是個瘦子，也可以說，我的瘦，來自廣大的民意基礎。

　　當我看著客廳落地窗的鏡影，捏著大腿抱怨自己好胖，奈爸和奈媽總是正眼都不瞧就回答：「亂講，我們家沒有肥胖基因，我們都是吃不胖的體質。」只要脫口說出：「我好胖」換來的都是朋友們的不屑：「哪有胖？妳腿那麼細！」、「拜託，我才胖！」或：「妳這樣叫胖，我還能用什麼形容詞？

19歲，已經夠胖了

還穿顯胖的細條紋跟高腰牛仔褲

巨無霸？大象？妳忍心叫我航空母艦？」

好吧！我屈服了，害羞的承認我是個瘦子。

從我出生以來，沒人說過我胖（**即使當年是以 3,700g 的巨嬰姿態誕生**），只有超可愛和好強壯的讚美，因為是家裡的長女，受到照顧（**指的是食物**）非常多。

成長過程中，我從未因為身材吃過虧、出過糗、鬧過笑話或不受歡迎。長大後就算看起來肉肉的，戀愛運、工作運也還是旺盛著⋯⋯（**反正是靠大腦臉蛋、不靠身材吃飯，噗**）。

奈爸奈媽常對我說：「盡量吃！多吃一點。」、「能吃就是福。」、「像我們小端這樣的體格最標準。」爸媽最怕兒女吃不飽，根本沒在意過飽的問題，女兒已經吃到這麼魁武，他們還是很堅持。

專櫃小姐常對我說：「這衣服只有妳撐得起來，有一點肉才好看。」

「但我感覺一蹲下就會撐破耶，不只是撐起來。」

「咦？有點緊是嗎？哎呀，這不是妳的問題，是衣服版子做太小了。」

黃博總愛在深夜約我吃宵夜：「我最喜歡看妳吃東西，吃得嘴巴鼓鼓的，好可愛。」、「看妳吃就覺得東西好好吃。」是熱戀期的鬼話無誤。

這些話催眠般的深植我的潛意識，即使他們不在我身邊，我也會這樣告訴自己：我吃東西的時候最可愛、像我這樣的體格最標準、衣服要有

（34 歲）

親切的鄰家大嬸跟你說哈囉！　（37 歲）

點肉才好看、衣服太緊絕不是我的問題⋯⋯

　　這些話從少女時代聽到中女時代；從身上還有凹凸曲線聽到上下沒有分隔線；從我身體側面 P 面聽到胸部肚子聯合組成 B 面；從我衣服在 S、M 徘徊聽到進階 M、L 境界！（偶爾邁向 XL，但我才不買，寧願難呼吸穿很貼的 L，一旦和 XL 搭上關係就很難擺脫掉了。）

　　20 年來，我在這些鼓勵下維持每餐吃到 15 分飽，吃飽後能坐就不要站（肚子已經重到站不起來）、能躺就不要坐（再不躺下就快不能呼吸），從未運動（總覺得我的體質不適合流汗，只能在靜態的 SPA、三溫暖被動的按摩、流汗，懶！）。

　　就這樣吃到 37 歲，一個沒注意⋯⋯大嬸就誕生了！

（35 歲）

孕婦比我瘦!!!

當時郭靜純是真懷孕,我是真肥胖!

「喂,前面的大嬸請留步,可以請教妳幾個問題嗎?」

「為什麼旅遊要穿棉質衣服或運動風的衣服配牛仔褲?」

「為什麼出國旅遊要穿布鞋呢?東京行程有爬山嗎?」

「為什麼出國旅遊都不化妝呢?真的去爬山嗎?」

「為什麼這麼喜歡細條紋的衣服呢?適合爬山嗎?」

「喂,大嬸不要走啊,大嬸!」

奈胖報告四

我 是 女卜派,只是 變 大 的 地 方 不 一 樣

　　關於我身材的真相,只有最親密的朋友們知道。

　　跟大家鄭重介紹,在我神奇的肚皮下,暗藏一副深不可測的萊卡胃。

　　所謂萊卡胃就是超彈性、伸縮自如,可以撐出比原本大好幾倍尺寸的胃。

Before

Hold 住時，暫時能偽裝少女曼妙的身材。

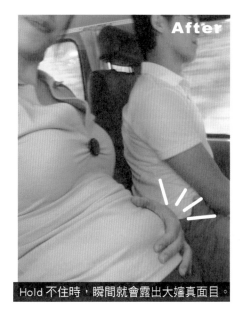

After

Hold 不住時，瞬間就會露出大嬸真面目。

　　每次吃完飯，我傲人的萊卡胃就會迫不急待衝出來跟大家見面，朋友們總不吝嗇讚嘆它的超彈性，拍手加尖叫、爭相拍照，十足粉絲樣！

　　據他們說法是想留到某天踢爆貴婦奈奈真面目時可用。

哼！與其被人踢爆，不如先自爆。

奈胖報告五

人見人愛的萊卡胃女孩

　　在小吃聞名的台南長大的孩子，一定會練出一副深不可測的萊卡胃，因為好吃的東西太多，想吃的東西更多，小荳荳鍋燒意麵、福記肉圓、武廟肉圓、度小月、阿堂鹹粥、阿明豬心、阿鳳浮水魚羹、富記碗粿、萬川號、克林肉包、台南米糕、四神湯、鱔魚麵、菜粽、牛肉湯、水果冰、椿之味薏仁鮮奶、周氏蝦捲、安平豆花、芋頭粿、布丁、古早味餅乾和麥芽糖……

我對我的萊卡胃充滿母愛！

吃完這個再吃那個，一趟下來如果沒有一個萊卡胃，很難心滿意足的回去。就算本來沒有萊卡胃，吃久了，也會很快練出一個。

我對我的萊卡胃相當自豪，常給它表現的機會。

不管在家裡或餐廳，每次吃飯，我一定是最後離開餐桌的那一個，習慣將桌上殘餘的食物收拾乾淨，不喜歡浪費，更不喜歡吃隔夜菜，認份又認真的扮演好廚餘處理機的角色。這角色討喜，給人勤儉持家的好印象，爸媽喜歡、公婆喜歡，尤其在場男士都吃不下，只剩我有能力大方扛下最後一口食物的那一刻，所有人都用讚賞的眼神看著我，我的內心湧上一股無與倫比的成就感。

這時我會摸摸萊卡胃跟它說謝謝，謝謝它讓我這麼有面子！

我喜歡和跟我一樣好食慾的人一起大吃大喝，帶著小有名氣的萊卡胃，南征北討找人單挑大胃王比賽（**輸的人買單**）。

說到大胃王比賽，黃博完全不是我的對手（**其實是他不想理我**）。跟他在一起，用餐必點白飯的是我、再來一碗的是我、處理菜尾的也是我。他吃飯細嚼慢嚥、舉止優雅，聽不見吃東西的聲音，難怪他年過 30、三餐不定時、晚上 11 點半後才進食、吃的都是泡麵炸雞那類速食、偶爾晨泳，但身材依然很緊實！

20 好幾的時候，我熱衷吃到飽餐廳或迴轉壽司，每回都要跟朋友比賽誰吃完疊起來的盤子比較高。到了夜市一定從頭吃到尾（**基隆廟口、豐原廟東、通化或饒河、寧夏**），看當時最紅的節目單元「食字路口」馬上約朋友比劃比劃。（**這遊戲是用食物接力，比如紅豆、豆沙包、包心菜……吃到中途會出**

現最後一道菜名，接下來就看怎麼吃可以接得上，最早完成任務的隊伍就贏）。

　　萊卡胃造就我的食量，我的食量成就我的萊卡胃。那個年紀的我，沒什麼成功經驗好說嘴，唯一有勝算和值得驕傲的就是過人的食量，只要競食，我就很出風頭，所有跟大胃王有關的比賽我都愛看、更愛比比看，戰績百戰百勝。

　　我的必勝心語是：「全身上下至少一處有用，腦比不過人家，胃不能再輸。」

　　「只要還能呼吸，就有希望。」這句話，任何場合都適用。

奈胖報告六

學會神奇的肥肉收納術，誰還要減肥？

　　沒人看過我 165 公分、59 公斤的真相。我的肩膀窄、骨頭細，只要謹慎不露出大屁屁，即使身上已經佈滿脂肪，也不會有人覺得我是胖子。

只要穿上可以修飾身材的衣服，誰看得出這位小姐是前面那位大嬸？（節目中穿的是軟綿綿有光澤的布料）

誰知道貴婦奈奈其實是大嬸奈奈？！堅挺的剪裁加強修飾手臂和腰線。OMG！再次證明顯胖的衣服多要不得！我有深呼吸，吸得進空氣，吸不進那囂張的鮪魚肚。

2008 年 5 月 2 日，第一次參加大學生了沒的錄影。

與前面錄影照同年同月，只差一星期。這張照片讓主角本人看了都大吃一驚！哪來的靈感把運帽外套的繩子綁成蝴蝶結？！還有，是什麼心態敢在東京藝人最多的麻布十番素顏？？？

看起來胖 10 公斤的罪魁禍首：

1. **細橫條紋上衣**：以前怎麼老愛買這種衣服？

2. **未上妝的素顏**：塗了粉底臉型瞬間拉提，畫了眼線和眼影面積越大，臉部面積便相對縮小。

3. **高領衫或高圓領**：領口越高，臉看起來越扁越短。

4. **太合身的衣服**：如果不是瘦子，千萬不要挑戰！有些柔軟的布料還能用質感修飾，有的布料一旦做成合身的真的太可怕！

好大嬸的姿勢啊！

5. **平底鞋**：美好的儀態會被平底鞋吃掉，穿平底鞋太容易因過度放鬆而駝背凸肚。

6. **羽絨衣外套**：哪個時尚圈人士沒事穿米其林輪胎？除非拿了千萬代言！

7. **綁帶涼鞋**：瘦子是羅馬風，胖子是綁肉粽。

8. **高度到腳踝的鞋子或襪子**：沒什麼，只是硬生生的把豬蹄再砍一節。

9. **過長的頭髮**：如果長髮沒有造型過，扁塌的長髮比短髮更沒精神、更狼狽。被小S形容像烏龜上岸頭上不小心披了海草，笑到我馬上跑去剪頭髮，不想當龜頭！

10. **過大或過長的包包**：整個身形都被拖垮。

看起來瘦 10 公斤的肥肉收納術：

1. 粗橫條紋上衣或不規則條紋。

2.V 領或大圓領，脖子露出較多面積的衣服：拉長臉型可顯瘦。

柔軟的布料、

大寬圓領和不規則線條和剪裁，此時約 58 公斤

3. 利用各種長項鍊或三角領巾等配件
   製造延伸效果，利用粗腰帶模糊中
   廣視線。

注意大格子比小格子顯瘦

寬腰帶的妙用！

條紋較寬的衣服，搭配拉長視覺的長項鍊或領巾

4. 粗跟高跟鞋比細跟顯瘦：高跟鞋絕對可以
   讓身型修長又顯瘦，鞋子前緣的面積不能太
   淺。
   我的高跟鞋通通都是粗跟，粗跟減少小腿使
   力，也比較舒服。肉肉腿若要穿平底鞋，記
   得挑鞋子前緣面積稍微大些的款式，要不然
   會很像豬蹄。
5. 窄口比寬口的高筒靴顯瘦。
6. 穿西裝或針織衫扣子別扣，並將袖子捲起：
   風衣或西裝一定要買合身或肩線小一點的
   尺寸，不要老是想著裡面要加毛衣或非扣起
   來不可！這兩個念頭都是讓人看起來更胖
   的小惡魔。硬材質的長版西裝很顯瘦，黑色
   更厲害。內搭請挑低胸圓領、V 領或解兩釦
   的襯衫。

7. 多層次穿搭：並不是穿越多越胖，短 Tee、長襯衫、短背心；長 Tee、短外套、長圍巾；長 Tee、長針織衫、短外套……都好修身。

多層次好顯瘦

8. 上鬆下窄：上衣或外套選擇寬鬆或傘狀，搭短褲以及與鞋子同色系的褲襪（我覺得短褲配絲襪比 Leggings 瘦）。

傘狀外套和寬鬆上衣的修飾效果

9. **露出脖子、露出膝蓋**：因為怕自己看起來胖，
   習慣遮遮掩掩，像是穿大衣還要穿馬靴⋯⋯包
   過頭的結果就是真的好腫！

   適時露出一些部位轉移大家的注意力，有腿的
   露腿、有手的露手。露膝蓋可多穿短裙或短褲
   搭長靴，也可以搭配黑褲襪和黑鞋子。穿大衣
   就別穿馬靴，穿丹數少點、透膚色，或輕薄點
   的黑褲襪和粗高跟（丹數太厚的黑褲襪也會顯
   胖）。

   露出脖子就是選擇 V 領或襯衫。

不規則皺摺白洋裝較顯瘦

同一件洋裝，左圖比右圖顯瘦，

重點在於露出脖子和膝蓋，並利用背心和皮帶修飾

10. **七八分褲隨意捲起褲管至小腿中間**
    可顯瘦。

褲管有折沒折差很多，右圖比左圖顯瘦，

事實上右圖更胖些。要顯瘦，配件和層次缺一不可，

顏色過少不行，過多也不行，原則是身上顏色不超過三種

我就這樣躲在神奇的肥肉收納術下，
繼續過著心寬體胖的日子。

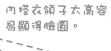

內搭衣領子太高容
易顯得臉圓。

毫無配件的穿搭很
無趣，沒有焦點還
會放大視覺，穿平
底鞋一定要記得挺
胸，否則容易累積
肚腩和背後肉。

NG!

NG!

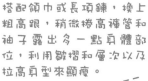

搭配領巾或長項鍊，換上
粗高跟，稍微捲高褲管和
袖子露出多一點身體部
位，利用皺摺和層次以及
拉高身型來顯瘦。

Good!

選擇領口較寬大或V領
的內搭衣，加上帶點重
量的配件拉長視覺，捲
起袖子露出手的部分看
起來更俐落清爽。

Good!

我 也 減 過 肥 ，只 是 從 沒 堅 持 過

　　上大學之前不知減肥為何物，身邊從未有人提過減肥二字。進了大學，猛然發現身邊忽然圍繞台灣各地的異性，南部村姑開始有了羞恥心，終於意識到自己的身材好像比一般女孩兒稍微大隻一點，班服竟然穿 L 號！於是減肥人生隨著大學生活展開……

　　「NO！」減肥念頭一出現，馬上被打住。

　　哪個笨蛋一上大學減肥？有迎新烤肉、迎新露營、迎新趴踢、夜遊、聯誼、聖誕節吃火鍋、跨年吃火鍋、元宵節吃火鍋……社交活動一堆，誰減肥誰沒朋友！

　　一直到大二玩瘋了，玩累了，體重從 56 公斤玩到 59 公斤，再不煞車，直接資源回收，也不必拉警報了。

　　有了減肥的念頭，從此電視新聞雜誌散佈的減肥情報，明星的、素人的、傳統的、急速的、偷吃步的……照單全收、通通關注、通通試！（除了減肥藥和減肥茶我不試）

　　曾經一天只喝蜂蜜水、一天只吃蘋果、一天只吃蘿蔓生菜、一天只吃吐司夾肉鬆，或一天只喝巫婆湯，曾想過試試分食法，吃肉的時候不吃飯、吃飯的時候不吃肉，但沒執行過，因為這麼一來每顆水餃都要脫皮才能吃，不能吃滷肉飯、雞肉飯、肉圓……絕不可行！甚至發狠斷食過一天。

　　試過這麼多方法沒有瘦，還越來越排斥減肥這個行動，如果減肥是一輩子的事，那這輩子不就跟坐監受刑沒兩樣？

　　幸好我沒有堅持這些激烈拒食的減肥法，不然可能大量掉髮、荷爾蒙

失調、月經不來、脾氣暴躁、拒絕社交、兩頰凹陷、面色憔悴、代謝變慢、胸部變小、下半身水腫、越減越胖、越來越神經質……代價太大，與其這樣，我寧可繼續當好吃懶動的奈胖。

我不會為了瘦而少吃，但我會為了錢折腰。為了累積出社會的學經歷，大三開始準備各項可以記載在履歷表上的事蹟，任何機會我都積極把握嘗試。

大四上學期剛好有位台灣有氧舞蹈界名氣頗大（**大品牌爭相贊助**）的男老師，帶我進入有氧老師訓練課程，當他徒弟。1996 年健身風氣剛起步，進入健身中心當有氧舞蹈老師似乎是個不錯的選擇，於是每天早晚受訓，只想生涯規劃，沒想要減肥，受訓後不忘到各大夜市大吃（**想當有氧舞蹈老師是一回事，萊卡胃大食怪又是另外一回事**），即使如此，身型依然日漸狂縮，運動半年後，體重從 58 公斤減至 52 公斤，大腿 51 公分，堅挺結實，肌肉常被讚美。這是 32 歲之前唯一一次變瘦的成功經驗。

（運動還是 Keep fit 的王道）

減肥**霜**頂多只是保**養**品，若擦這麼**勤**，
換成乳液、**嬰**兒油也會**瘦**。

　　我以前有個箱子，裡面裝的都是從國外買到國內；從便宜買到貴的瘦身道具：發熱霜、按摩油、還有多種推脂器，推臉、推大腿、推小腿、推手臂的統統有，靠這些塗塗抹抹推了好幾十年。不能說這些產品毫無價值，只能說效果非常非常慢，在我停止使用前，都不見效果。

　　不管功能多強的按摩工具、多厲害的減肥燃脂乳液，就算抹得很勤，照樣大吃又不動絕不會瘦，有些黑心商品抹在肚子會慢慢出水，讓人誤以為擦了瞬間爆汗，其實只是產品本身液化了。瘦身產品擦再多，**頂多只是保養和緊實，真的很難消脂**，如果這麼勤奮賣力地早中晚用力擦，光擦乳液都會瘦。

　　這個箱子在我某次搬家時全丟了。因為費時、麻煩，又沒有讓我滿意的效果。**真正有效的瘦身保健方法應該不占位置、不花太多錢，又能在日常生活中充滿動力且開心的維持。**

　　我用過最炫的瘦身產品（自以為最炫）是 2003 年在很紅的購物台買的震動塑身按摩帶，1980 元。一大片綁在腰上，電源按下就開始震動，振動頻率可調高調低，越強越麻，只要 15 分鐘皮膚就會開始發紅，癢得不得了，好像運動 1 小時的效果。

　　完全不喘又局部通紅，好像做了激烈運動，很 high，每天用，坐著打電腦就綁著塑腰帶開始震。為了加速震動塑

腰帶的瘦身的功能，我還在肚子上綁一大片保鮮膜。

　　這款震動塑腰帶拆開還可以分別震動兩邊的大腿。同樣的，也在震動的時候包著保鮮膜，震動、發熱、流汗⋯⋯就這麼以為坐著也能瘦的大開心。

　　震動幾個月，感覺好像瘦了，但更討厭的是皮也鬆了！我的肚子明顯下垂，肚臍鬆到變形！我不知道這怎麼回事？難道是皮瘦，肉沒瘦？還是脂肪消太快皮膚來不及承受？總之我不敢再用這種震動帶了。

奈胖報告九

胖 到 被 檢 舉，還 好 意 思 再 胖 下 去 嗎 ？

　　沒當成有氧舞蹈老師，卻輾轉進入大學擔任諮商心理師並兼課教書。在大學工作那幾年好像在天堂，辦公室隨時有人帶點心來分享，學生們常帶點心請我吃，我也常請學生們吃點心。辦活動還有吃不完的甜點和餐盒，一呼百應就團購飲料、甜食外送、團購麵包、海苔、方塊酥、湯包、蕃薯餅⋯⋯（**團購是 OL 解壓的方式**），待久了好似神豬附身，5 個月就胖了 5 公斤！

　　在學校工作最快樂還有 4 月份時兩天一夜的教職員自強活動。黃博看著我們自強活動行程表，指著星期六晚上的自助式晚餐和隔天的自助式早餐

說：「我猜妳應該是衝著這兩個報名的。」

「才不是，我是衝著每一餐！」跟團旅遊，最值得期待的才不是景點（**又不是我安排**），是三餐啊！

自強活動那天，一早 6 點集合，上車前每人發一個素包子當早餐（**好開心！還沒出發就有點心！**）這素包子真是有誠意，雖然素，卻素的很優雅，裡頭塞滿了滷筍塊，不是滷筍絲喔！是香噴噴、大口感的滷筍塊，還有魯豆皮，包子麵皮好 Q，放到下午，味道、口感還跟早上一樣好。

我當然不是一顆包子分上、下午吃一整天，一上車後我很快就吃完自己那份，吃完後看隔壁婉菱把包子玩弄在股掌之間，嚷嚷著：「我吃不下，我吃不下。」少女心小鳥胃。「來來來，我幫妳！」馬上收進我包包。

中途吃過中餐後，車子繼續開到中台禪寺。

逛著碩大的廟宇，自成一個世外桃源，晃啊晃，一群人走著走著鳥獸散，剩下我跟課外組的佩佩作伴。佩佩從包包拿出早上的包子在我眼前晃啊晃的：「我就知道下午一定會餓，偷藏了一顆包子。」

「嘿，我也有。」馬上從包包拿出包子當作相認的信物。

兩人賊笑成一團，我終於與失散多年的貪食界好友合體，再也不孤單。

我們走到大草原準備坐下來野餐。當我兩腳交叉，準備屁股直直墜落草地上時，寧靜的中台禪寺忽然出現一聲巨響：「啪！」草地上的男男女女、認識或不認識的人都轉過頭來望向我這邊……堅硬的牛仔褲縫線竟然從我的屁股後面炸開了。

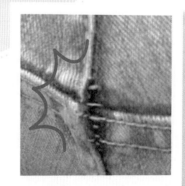

我該承認這是屁，還是牛仔褲縫線被我的大屁屁炸開？

「大屁屁炸爆牛仔褲事件」很快就在我們團裡傳開。我的好友學務處同事老賴，早早知道我把肚子放桌上那件事，認識十幾年，她看著我從

小姐變成現在這個樣子，於心不忍，開始出手列管我，當起我的暴食糾察隊！

從此她無所不在的在我背後竄起，拿相機捕捉我偷吃的畫面，不時警告周圍朋友一起糾察我：「不要讓她亂買東西吃喔！」

「為什麼？現在是歡樂的自強活動耶！」我抗議！

「褲子都破了，有沒有羞恥心？！」

第二天中餐，安排集集火車站旁，號稱古早味的【原味廚房】，早上看過幾個景點，奔走兩三小時早就餓昏了，一進餐廳坐下來，看見滿桌好下飯的菜，咕嚕嚕的聲音從胃裡直竄上來：「我要吃很多飯！」

咦！我還沒講出來，怎麼就有人幫我配音了？

回頭一看，走在我後面的佩佩比我早先一步喊著：「我要吃很多飯！」哈哈哈，真不愧是我貪食界的好友。

我們兩人添的飯是全桌最 "頂尖" 的！！

我的頂尖飯

這才是淑女吃的飯量

老賴的頂凹飯

晚來的老賴一屁股坐在我的旁邊，指著我的碗公：「這什麼？怎麼這麼大一碗？」

「啊！不管不管，我要吃！」

「好，但妳只能吃這一碗。」在老賴的監督下，我真的只吃一碗。

我下次不跟老賴同桌了!!

蘇小端!!!這碗飯……太尖了唷～～

一開始，我還跟老賴黏在一起吃吃喝喝，後來，只要一逮到機會，我就逃離老賴的視線。

晚餐終於來到了我最愛的巴費（Buffet）時間，老賴坐在我後面兩桌的位置（嘿嘿嘿逃好遠。其實是導遊沒幫我們位置安排好，以至於我們座位四處流散），她三不五時回過頭來跟我玩一二三木頭人遊戲。

我知道她是因為愛我，跟我眉來眼去，但一盤接一盤的我，很心虛，所以只要老賴一回頭，芊芊就會提醒我：「小心！老賴在看妳。」我馬上無恥的把高疊的盤子推到芊芊前面。

吃完晚餐，老賴疲累，先回房間小睡，我跟佩佩還有芊芊、婉菱、瑋玲單飛參加完同仁安排的慶生會後，再溜去溫泉區吃飯店有名的溫泉蛋。
這碳酸溫泉滾啊滾，上面寫著一百度Ｃ，原則上好像一人分配一顆蛋，沒想到這溫泉蛋撒上海鹽後，這麼好吃！是因為我太餓嗎？但我剛剛才吃完巴費和慶生的生日蛋糕耶……

小聲問佩佩：「我可以再吃一顆蛋嗎？」
「應該可以，老賴的份給妳吃！」佩佩神奇地幫我多拿了一顆蛋，真幸福！
「不可以告訴老賴我吃了兩顆蛋！」
噓～

退出
"貪"食界吧！

CHAPTER 02

奈嬸的覺醒

流傳 20 多年，彷彿幸運信般不斷躺在大家信箱的榮總三日減肥餐！

減肥餐日誌一

退出貪食界吧！

　　自強活動結束隔天，一早上班便收到老賴給我的公文信封，用急件送到我的辦公室。打開一看，噗！這是我們昨天研擬的作戰計畫，沒想到一大早就以公文的方式夾帶出來。

　　夾帶在裡頭的是一張黃色便條紙，還有一張食譜。

第一天	第二天	第三天	
早餐	**早餐**	**早餐**	**晚餐**
咖啡或茶	咖啡或茶	咖啡或茶	咖啡或茶
葡萄柚半個	香蕉半根	蘋果一個	紅葡萄一杯
烤吐司一片	烤吐司一片	鹹餅乾一片	香蕉半根
花生醬兩匙	水煮蛋一個	低脂起司一片	哈密瓜一個
午餐	**午餐**	**午餐**	綠花椰菜半杯
咖啡或茶	咖啡或茶	咖啡或茶	水煮鮪魚罐頭一杯
烤吐司一片	原味優格一杯	烤吐司一片	香草冰淇淋半杯
鮪魚醬半杯	鹹餅乾兩片	水煮蛋一個	
晚餐	**晚餐**		
咖啡或茶	紅葡萄半杯		
蘋果一個	香蕉半根		
葡萄一杯	綠花椰菜一杯		
瘦肉兩片	熱狗兩根		
四季豆一杯	香草冰淇淋半杯		
香草冰淇淋一杯			

　　這不就是傳說中的榮總三日減肥餐嘛！高中便看過這份菜單，相傳是某位明星用來緊急削肉的秘密武器。當時年紀太小，志在把自己訓練成大胃王，大胃王字典裡沒有減肥二字，對此菜單非常冷感。

　　辦公室擺著一堆自強活動買回來的土產，這時哪個阿傻會棄土產乖乖吃減肥餐？有我最愛吃的麥芽糖、麥芽餅、巧克力麻糬派耶……不依！

　　老賴為了杜絕我吃太多零食，要所有助理們一起加入「蘇小端減重糾察隊」，逼我退出貪食界！

　　「退出！退出！退出！退出！」只要我有個風吹草動，大家就紛紛用 MSN 暱稱檢舉。我不過讚美一下麥芽糖，她們就把 MSN 暱稱改成：「蘇老絲在偷吃東西。」看我慌張地解釋，他們竟檢舉出興趣，越演越烈，什麼我偷吃雞爪、偷吃牛舌餅、偷吃蛋糕的暱稱都出來了……

　　哪可能一次吃這麼多！

　　有人還會故意套我話：「蘇老絲星期四要不要一起吃熱炒？」被列管的我應斷然拒絕才對，但我這人向來重情義，你約我吃飯，沒事一定到，絕不會用減肥的藉口敷衍你，我說：「好！」當下決定把減肥餐延期的當下，馬上就有爪耙子用 MSN 暱稱報料：「蘇老絲說要跟我們去吃熱炒，不吃減肥餐！」（註：蘇老絲是蘇老師的走音版，事實上應該叫蘇陳老師，但

給 ♥ chihyi-再見了 - 願每個人都得到幸福，希望世界上沒有人被拒絕，沒有人被剪腿，也沒有人哭

胖奈　小男友竟然說我只會掃地！沒想過他的家事都是我教的　說：

老賴！！！
我的減肥又要拖一天了～～～不是我的錯喔～～是我突然想到教育訓練一定要吃吃喝喝的啊

Chihyi～ 再見了　說：

我可以不結你那一份

胖奈　小男友竟然說我只會掃地！沒想過他的家事都是我教的　說：

壞～～～～

想辦法延期!!

2006/4/24 下午 11:40 收到最後一則訊息。

傳送(S)
搜尋(R)

取得網路攝影機

我在 2006 年 4 月底開始吃三日減肥餐，當時 32 歲

這名字太長又太正經，不符合我的形象。）

　　我每天都在消滅謠言，還是很難博取老賴對我的信任，每次相見都用斜眼質疑我。

　　不是我不吃減肥餐，這菜單若開始執行就得連續吃 3 天、休息 4 天、再吃 3 天、再休息 4 天，以一週一次的節奏輪迴，連吃 4 輪（1 個月）可瘦 20 公斤！（這數據嚇死人，要是連吃 3 個月，我應該就從地球上消失了吧？！）。

　　因為不能間斷，又只能吃菜單上的食物，不能額外多出一個漢堡、炸雞和滷味，連一口蛋糕都不行，

所以一定要找個天時地利人和的時候私密進行，最好閉關，如果突然有邀約或是特殊節慶，一定會中輟這個減肥計畫。

　　好不容易買了食材，睡前看一下行事曆，突然發現……明天學務處有教育訓練（**老賴辦的，由她買單核銷**），教職員的教育訓練一定會來杯拿鐵配蛋糕，還有美味的自助式巴費午餐，這時不跟大家共享，似乎不合群。

　　啊，節奏亂了。

　　傳 MSN 給老賴：「我的減肥日誌又要延一天了，不是我的錯喔，是我突然想到有教育訓練一定要吃吃喝喝啊。」

　　老賴：「我可以不結妳那一份。」（**夠狠！！！**）

減肥餐日誌二

我承認我對減肥餐反感又不積極，談戀愛後減肥難上加難

　　吃對我來說很重要，是我維持生命熱情的動力、是我聯誼交際的媒介、是我感覺幸福的來源，研究八字的朋友說我命中帶食神，要吃得好，運才會好。

所以呢，即使胖，我從未想過要少吃。

單身的時候，減肥輕而易舉，沒有約會壓力，沒有按三餐吃飯的規定，就算不出門，翻翻冰箱吃些亂七八糟的食物也就過一天。年紀還輕，幾餐不吃，隨便就掉幾公斤。有了伴之後，減肥不再是一個人的事，吃飯的時間、吃飯的選擇、吃飯的習慣都會受另一半的牽制。

交往之初，黃博負責我的三餐，不在我身邊的時候簡訊內容都是：「妳早餐吃什麼啊？」、「午餐吃什麼啊？」、「晚餐吃什麼啊？」如果我回答：「沒吃。」、「亂吃！」馬上會接到連環控訴：「怎麼可以？」、「妳都不會照顧自己！」、「快去買東西吃！」、「怎麼可以這麼懶！」、「要不要幫妳叫外賣？」

為了減少黃博的愛心轟炸，我善意回應：「有吃有吃。」他把餵飽我當成他的責任，並以我的大食量為榮，如果我不這樣大吃大喝，他會擔心的問：「妳怎麼了？是不是不舒服？怎麼沒胃口？」

面對這種濃情厚意的關心，怎麼減肥？！

終於熬到黃博進入醫院工作，開始忙碌，不再天天黏在一起吃吃喝喝，每天下班後常累到不想外食，終於有時間試試傳說中的榮、總、三、日、減、肥、餐！當時體重 58 公斤。

為了執行榮總三日減肥餐，黃博陪我上大賣場採購。他看著菜單：「吃這些太可憐了！會死吧？算了算了，不要減肥了！我帶妳去大吃。」黃博把購物推車推遠遠，然後逃開。

「不行啦！大家都在盯著我減肥，我怎麼可以這樣說不吃就不吃？」死命把他拉回來。再不吃減肥餐，我就沒臉回學務處了。

我們在大賣場裡進行尋寶活動，東西還算容易找，但買著買著，出現一個問題！

「這……什麼是四季豆啊？」

我拿了一把長長的東西，感覺應該是四季豆，問工作人員：「請問這是四季豆嗎？」

「不是喔，這是菜豆，長菜豆。」

「什麼是四季豆？」

「比這個短，大概這麼長……」工作人員張開五指比出一卡的手勢。

「像這樣中間一粒一粒的嗎？」

「不是耶，我也不會講。」

「扁扁的嗎？」

「也不是耶。」

工作人員看了看賣場，找了一輪後跟我說：「不好意思，架上的四季豆都賣完了。」「好，謝謝。」

隔天到家裡附近的超市找四季豆，終於找到我印象中的四季豆。拿近一看，上面寫著：「敏豆」

敏豆？

我問旁邊的阿桑：「請問這是四季豆嗎？」

「敏豆就是四季豆。」

左邊是四季豆，又稱敏豆，右邊是菜豆。

不要笑我，我會下廚，只是沒買過四季豆，我認識高麗菜、花椰菜、青椒、冬瓜、山蘇、水蓮、大白菜、小白菜⋯⋯我現在跟四季豆是好朋友了。

一個人準備三日減肥餐的材料不太划算，菜單中常出現一片烤吐司、一顆水煮蛋⋯⋯吐司一次得買半條啊！蛋一盒也有十來個，起士一疊十片，沒人分享實在不划算。

對，沒人可以分享，同事沒人要跟我一起響應減肥餐（**遠在天邊的貪食界朋友佩佩說，先看我吃一輪效果如何再說**）。孤軍奮戰能革命成功嗎？

沒人分有沒人分的吃法，我想到一個聰明的採買法！

先在大賣場先買一個葡萄柚、一條香蕉、一串葡萄、一顆蘋果、一粒哈密瓜、一包四季豆、一顆花椰菜，一盤里肌肉，一罐鮪魚罐頭、買起士餅乾（**一次解決鹹餅乾加一片起士的那餐**）。花生醬吐司請學校附近的早餐店阿姨幫我做，一片吐司抹花生醬對折，一片白吐司留中午吃，水煮蛋買 7-11 的茶葉蛋。有這兩招就不必買一整條吐司和一盒雞蛋（**不過單價比較貴**）。

原來備料沒有想像中的難。

我一直以為準備這些材料很難，一定做不來也堅持不來，每次看菜單都會出現一個：「這三天一定餓得很慘。」的念頭，所以遲遲沒有實踐。

該來的還是會來，該我的一定躲不過。

這一次，我要好好體驗、好好實驗、好好面對這個考驗。這麼多人義務加入「蘇陳端減重團」監督我，鼓勵我（其實是想看好戲吧，為什麼你們都不減肥？只因為你們沒把褲子撐破嗎？）

要是我再瘦不下來，我就去當電車人妖懲罰自己！

正式引退貪食界！

大餐 Bye Bye！

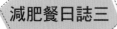

減 肥 餐 第 一 天 ， 萬 事 起 頭 難

早餐：

咖啡或茶

烤吐司一片

葡萄柚半個

花生醬兩湯匙

我在家先把葡萄柚切一半，像剝柳丁一樣剝好，放在保鮮盒裡，再帶一罐鮪魚罐頭。上班途中經過早餐店，買兩片烤吐司，一片抹花生醬對折，另一片什麼都不抹，留中午吃。

看這份三日減肥餐菜單的時候，有個清純的女學生說：「花生醬兩匙是直接挖來吃嗎？」

「如果你是美國人就這樣吃，但我是台灣人，應該會把花生醬抹在吐司上。」

「對喔！可以抹在吐司上！」原來有人不把菜單融會貫通。

早餐這樣配挺好吃的，四月正是葡萄柚產季，我買到甜蜜蜜的葡萄柚，太幸運了。

中餐：
咖啡或茶
烤吐司一片（早上一起
烤的另一片）
水漬鮪魚罐頭半杯

我不是很愛罐頭，尤其鮪魚一定要加洋蔥丁、胡蘿蔔丁和芹菜丁和黑胡椒調味啊，打開罐頭一聞好臭，不愛，邊挖邊想，我正在吃貓罐頭，有夠臭，吃完嘴巴更臭。

就這麼過了一個白天，我幾乎沒有餓的感覺，大食怪不餓！好奇怪！

　　這晚黃博在醫院值班，我一個人吃飯，剛好可以好好享用減肥餐。晚餐的菜單挺善良的，份量不多，種類很多，很符合蔬果比例，又沒有澱粉干擾，應該很好消化。

　　我先把四季豆和葡萄洗乾淨，鍋子煮水，水滾後放入四季豆，燙熟撈起再把肉下鍋，煮肉的時候，鍋裡飄出肉香，撈起後用刀子切片，擺在四季豆旁邊。

　　我看著桌上僅有的熱食：四季豆和肉片，好香！撒上一點鹽的水煮肉和四季豆竟可以稱得上美味，是我餓昏頭了嗎？

　　不，是因為原味。

　　重口味的我，從沒機會跟清純的菜和素顏的肉面對面，我從來沒吃過水煮青菜、水煮肉片（無味），火鍋裡的燙青菜都要沾大量的辣椒、蒜頭、醬油、醋和沙茶醬才會放進我的嘴巴。

沒想到原味竟然這麼香！

今天三餐內容都不是我會買來吃的食物。我不常吃肉、不吃罐頭，鮪魚更不是我的愛，四季豆我都不認識了怎可能拿來吃？買了 10 年早餐店的漢堡，就是沒點過花生醬吐司！至於那個小美冰淇淋……嗯上次吃是什麼時候？小學幾年級？

高中的時候我把這份食譜丟得老遠，現在又回到我的手上。因為挑食不吃的食物，全在這時候出現。

有些事情越想逃開，就越得面對。

減肥餐日誌四

減 肥 餐 第 二 天 ， 餓 魔 在 身 邊

早餐：
咖啡或茶
一片烤吐司
一個水煮蛋
半根香蕉

有了一天的成功經驗後，已經容易上手，現在打理菜單，反而多了一份期待。

今天出門帶了便當，裡面裝了今天的早、午餐，吐司兩片、香蕉一根，感覺回到那個可愛的年紀。

繞到 7-11 買茶葉蛋。

因為減肥餐有好多半顆葡萄柚、半根香蕉的選項，剩下的一半就分給我的助理小米粥，我常多買一些分他，每天他都非常開心地接收我的另一半：「小端老師，你吃的是減肥餐，我吃的是乞丐餐，都是跟你要來的。」哇！好有創意的說法！

我跟他說：「不如你就跟我一起減肥，我幫你準備便當？」減肥有伴，功倍事半。

「不要，我才不減肥。」

你看看這孩子，說什麼不減肥！還不是想占我便宜，以為裝孕婦我就捨不得操你嗎？

端端老師，我懷孕了……
沒有辦法做粗活喔！！

9 點多吃完早餐，忙一下很快就中午了。

接近中午的時候，啟航忽然 MSN：「學校附近開了一間新的餐廳，蛋包飯促銷，買 10 個送 1 個，他們最受歡迎的便當是檸檬雞腿蛋包飯，看起來好好吃喔！」（（（（**蛋包飯！我的愛**））））

沒有太多刺激，即使吃少量、簡單的食物，也不會有嚴重的飢餓感，大多時候不是胃在哭，而是眼睛想吃。一看到蛋包飯這關鍵字，馬上聽到胃咕嚕一聲。

「要一起訂嗎？（賊笑）」
「不了，我有帶便當。」趕緊把便當拿出來。

午餐：
咖啡或茶
一杯原味優格
兩片鹹餅乾

「什麼！就這樣？」為什麼今天的午餐特別少？這樣我要怎麼對付餓魔黨？

「哈哈哈哈，小端老師妳好可憐喔！我要來吃香噴噴的泡麵了。」

小米粥從袋子裡拿出了泰式酸辣麵！
「你竟然帶我最愛吃的泡麵！」
（（（（（**怒吼**）））））
「小端老師我知道妳愛吃，我趕快泡給妳聞！」
「哼！」假好心！

「小端老師，今天上完體育課後我們班要衝去吃麻辣鍋，麻辣鍋我最愛吃腸頭了，嘶～～～（吸口水）好好吃喔！煮到爛的大腸頭最好吃了，小端老師，妳麻辣鍋最愛吃什麼料？」

「大腸頭啊！……」我瞪。

「好，我今天會幫妳多吃一點，還想吃些什麼？」

「不要一直跟我聊食物的話題！」
「檸檬雞腿蛋包飯來囉！」這時樓下傳來送外賣的聲音。

蛋包飯？！

我火速奔到樓下去。「咕嚕～～～咕嚕嚕嚕嚕！」嗚嗚嗚，我的胃在嚎啕大哭。

難怪食物要講究色香味，有時不一定食物本身好吃，而是它散發出 來的味道誘人，蕃茄醬混著蛋香飄散在整個辦公室空間。

「聽說這個雞腿最好吃，小端老師要不要吃啊？要不要吃啊？我可以分妳一口，哎呀，我忘記妳正在減肥，沒關係，妳可以聞一聞就好，這空間的味道隨便妳聞。」

哼！你們真是地獄來的餓魔，等著看我破戒，過份！此地不宜久留。

他們爽快的吃完飯，飯後還有光頭搬來的西瓜。

「小端老師，快來吃西瓜，我幫妳切好了。」
小米粥切好一片一片香甜的西瓜，吆喝著我來吃。

「我不能吃啦！不要一直叫我吃。」我埋頭繼續我的工作，努力翻著看了幾百遍的文件轉移注意力。

「沒關係啦！妳不要吞下去就好了，咬一咬吐出來。」

「最好我都不會流口水到胃裡。」

繼泰式泡麵和蛋包飯後，我再一次狠心拒絕我最愛的西瓜。

折磨一個又一個堆疊上來，但別忘記，老天爺不會給我們無法承受苦難，一次又一次的苦難就這樣把我們的韌性延展開來了。

午餐時間才過兩小時，啟航（地獄來的餓魔頭）又帶著地獄來的食物找我：「端端老師，要不要吃披薩？學妹送來的。」

「人真好！想拿幾張好人卡？」

好不容易熬到下班時間，當我關上辦公室的門……

「端端老師，要不要跟我們去吃熱炒？」

我的眼睛噴火了。「不要！」我頭也不回的奔走。

回家路上，我的步伐輕快又堅定，變得好輕盈。想著晚上即將出現的花椰菜就心花怒放。

酸辣麵走開！蛋包飯走開！西瓜走開！披薩走開！熱炒走開！通通走開！

晚餐：

咖啡或茶

半杯紅葡萄

小美冰淇淋

香蕉半根

熱狗兩根

綠花椰菜一杯

還要採購今晚要吃的小美冰淇淋和摩斯漢堡的法蘭克熱狗。

黃博已經在家等我回來吃飯。

我：「你今天晚餐吃什麼？」

黃博：「我等等要吃泡麵。」

泡麵！又來了，又要讓我聞這種味道濃郁的地獄食物。

煮好我的晚餐，剩下的菜給黃博加料，有菜有肉，黃博還剝了一顆我從埔里帶回來的紹興酒蛋。

喂！酒蛋買回來，我一口都還沒吃到。

「酒蛋什麼味道？好吃嗎？」我只能盯著紹興酒蛋吞口水。

「好吃呀！」黃博一口氣吃了兩個，一顆單吃，一顆泡進麵裡。

晚餐的份量少，為了配合黃博的食速，我把熱狗和花椰菜放進嘴裡咀嚼很久很久，慢食起來。我延長食物在嘴裡的時間，某部份也滿足吃的樂趣。我先吃水果，再吃熱食，仔細感受它們不經雕琢的味道，原來摩斯的法蘭克熱狗配上花椰菜這麼好吃！

「好好吃喔！」我發自內心喊了出來。

「真的假的？怎麼聽起來像在安慰自己！」黃博看了一眼我盤裡的食物。

說到這群小餓魔，他們真的去吃了熱炒，還拍回來向我炫耀，每個人的暱稱都寫著好飽好飽好好吃。

多吃一點！再多吃一點！最好把屁屁吃大，等著被列管吧！

減肥餐日誌五

減 肥 餐 第 三 天 ， 不 可 能 任 務 完 食

> 早餐：
> 咖啡或茶
> 一顆蘋果
> 一片鹹餅乾
> 一片低脂起司

因為昨天坐懷不亂，餓魔們今天一改昨天的囂張，收斂許多，中餐不再喧嘩討論外送什麼吃，下午也沒有造次亂搬什麼食物過來，總之，安安靜靜過了一天。

又是討厭的鮪魚罐頭。決定加點和風醬油。

今天晚餐的量有史以來的大，大到不能再大了，看著這一大盤水果，還沒吃下肚都感覺自己已經變美了（先吃水果）。

中餐：

咖啡或茶

一片烤吐司

一個水煮蛋

晚餐：

咖啡或茶

一杯紅葡萄

半杯香草冰淇淋

半根香蕉

一個哈密瓜

一杯水漬鮪魚罐頭

半杯綠色花椰菜

　　每一天我都吃進三種水果，一種綠色蔬菜，澱粉跟蛋白質分開，還有促進新陳代謝的咖啡因，平常外食根本不可能吃到這麼多營養，只會挑那些讓我過敏體質更容易過敏的蛋和奶吃。

　　減肥餐進展到此，我成功全身而退。

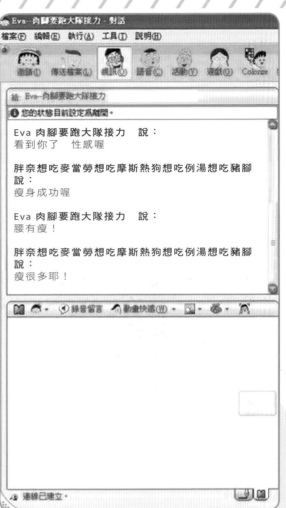

成果報告

有瘦嗎？
有！

　　才吃 3 天就瘦約 2 公斤，牛仔褲明顯變鬆！上腹和小腹比以前小很多。最有成就感的是大便又多又順。這 3 天吃好多水果，營養均衡，平常真的好少吃這麼多種類的蔬菜。

　　因為這次經驗，我發現我有強人的優點：面對誘惑能夠堅定的 SAY NO。為了讓自己堅定，我會想盡辦法欣賞我的食物、吹捧我的食物。

　　很多人羨慕我身邊總會發生好玩的事，有情義千金的朋友，總是可以吃到好吃的東西，還有美滿的關係。其實我每天都過著再平凡不過的生活，跟減肥餐沒兩樣，這些簡單的元素到了我的世界，就會被我視為鑽石一樣珍惜，我感覺很幸福。

想吃的東西很多，想做的事情永遠沒有結束的時候，急只會亂了方向、亂了視線、亂了節奏，我不能貪心也不能強求，當下我只能專注在我身邊的人、事、物上，只能往我腳下的路和眼前的方向走，走的理直氣壯。

　　雖然孤單，卻很有信心，因為我知道有一天我會變得不一樣。

減肥餐日誌六

這樣吃會餓死嗎？不會，九招幫你找回飽足感！

　　大食怪沒餓死，所以應該也不會有人因此餓死。男人份量可以加大沒關係，因為男人的基礎代謝本來就比女人高，多吃點應該。

　　少吃、專心吃便能找回人類與生俱來的飽足感！當你找回飽食機制，或利用其他方式增加飽足感，就不會暴食和過量，更不會挨餓。

　　理查‧貝特漢（Rachel Batterham）博士的研究認為肥胖者的飽足荷爾蒙比瘦的時候減少許多，導致胖子身上極少出現飽足感，才會有越吃越胖，越吃越不懂節制的狀況。建議可以用些方法找回飽足感，比如加強飲食規劃，或加強意識訓練，或利用欺騙視覺的方式。

以下提供幾個我用來增加飽足感的方法：

1. 盡量自己一個人吃飯

   早餐我常自己一個人吃，晚餐也常一個人吃，我發現一個人吃飯，不看電視不聊天，比較能專注在食物上，吃飯速度會放慢，細嚼慢嚥，這麼做了之後，就算份量少也好像吃不完。

研究指出，當我們在吃東西時受到干擾（如：看電視、與朋友家人聊天），會吃得比平時多 70%。吃飯細嚼慢嚥，嘴巴和胃會製造出「飽足感」荷爾蒙，讓大腦產生停止進食的信號。

2. 先吃水果，尤其是香蕉、蘋果

水果和蔬菜富含補充體力的水份、空氣及纖維素，它們會在小腸中製造「飽了」的信號。例如蘋果內有大約 25% 的空氣，當它被消化的時候，它會製造出一種腸促胰素（GLP-1），傳送飽足感信號給大腦。

減肥餐有好多水果，無形中增添好多飽足感，卻不會給身體負擔。早餐或餐前吃水果還可增加體內食物酵素把老廢有毒物質排出體外（養成餐前吃水果的習慣，吃完一小時後再吃飯。食物進了胃會發酵變酸，吃完飯後再吃水果整個食物都變質，不但無法發揮該有的效果，還會打嗝、脹氣或腹瀉）。餐與餐之間吃水果，便不會感覺飢餓，再把晚餐提早六點吃，一天好快就過去。但是晚餐後不要再吃水果！

3. 飯前先喝一大杯水或一大碗湯

我們常不知不覺吃到過飽，因為飽足感會過一段時間才傳遞給大腦，熱湯或高溫的食物傳達飽足感給大腦的速度較快，如果吃飯前先喝水或喝湯（不配飯吃），接下來吃下的食物平衡後就剛好 8 分飽。**宵夜想吃東西，可喝蔬菜湯，一點點就會有飽足感，卻不會喝進太多熱量。**

4. 細嚼慢嚥，幫助消化

消化從食物入口就開始，以前不懂這道理，現在才知道消化多重要。消化速度快又好，體內酵素就有餘力加強代謝。為什麼要

細嚼慢嚥？細嚼讓食物跟唾液充分混合包覆，把食物嚼成泥狀就是消化的第一步（吃得慢，飽足感訊號也會來得快），消化不能靠湯湯水水幫忙，一定要靠唾液，所以吃飯時最好不要喝湯水，吃完飯後的黃金消化時間也最好不要喝湯水打擾，1小時候再喝最好。西餐絕不會把湯放最後，中餐就會。

5. 蛋白質比澱粉和脂肪更有飽足感

白天吃多無所謂，晚上 8 點腸胃停工嘴巴也得收工。減肥餐晚餐多是蔬菜、水果和蛋白質，飽足感可撐比較久，因為蛋白質消化需要 6、7 個小時，飽足感會比碳水化合物（消化約 3、4 個小時）和脂肪更持久。宵夜想吃東西，可吃顆水煮蛋，少量就有飽足感。

6. 新鮮的食物才有比較長的飽足感

有時肚子餓或嘴巴想吃東西時候，通常只想馬上得到零食的安慰。太常吃加工、添加物的零食非常不妙，不但易胖，又難有飽足感，又消耗太多消化酵素（體內酵素用太多在消化上，身體廢物脂肪就難代謝），還會吃進大量給腸胃肝腎造成負擔的東西。

聖地牙哥大學運動及營養科學學院的研究結果顯示：飢餓的時候選擇天然食物較能有飽足感。這實驗邀請自願受試者分成兩組，一組在飢餓的時候吃餅乾，另一組在飢餓的時候吃李子，2 小時後再測試，研究發現李子組較不感到飢餓，且血液中的飢餓激素較少。

減肥餐初期未找到飽足感前會有一段不適應。下午餓的時候別團購冷飲，冷飲和零食一樣，飽足感信號相當微弱，不知不覺就喝下許多糖份和熱量。飲料喝的時候不用咬，只需很少能量消化，可怕的是，不管這些冷飲熱量多大，都不會傳送和從食物相同熱量的飽足信號給大腦。目前我們喝的飲料熱量已經比 20 年前高 3 倍。建議可以把晚餐的水果提前拿到下午吃！

7. 選擇泥狀、湯、水的食物

歐斯特大學食品科學與營養教授 Robert Welch 建議，食物若煮成濃湯，飽足感的時間便可延長。把飯煮成粥也有較高的飽足感，吃下去的量還變得更少。把馬鈴薯製成馬鈴薯泥也較有飽足感，若吃馬鈴薯片通常會吃到馬鈴薯泥的 4 倍。

要注意的是，通常食物變成泥狀，升醣指數也會提高，不過別太在意，量少的話熱量也不會高到哪裡去，所以重點是別過量。

8. 用小盤子裝食物

我以前常常吃過飽都是因為用大盤子裝食物！以為自己食量很大，一定要吃很多，便用好大碗公、好大菜盤裝好多食物，又因不愛浪費，一定會把大量的食物吃完。現在吃進去的量變少，換了小盤和小碗，量比以前少了三分之一，縮小食材和食器，細嚼慢嚥把食物吃完後，感覺已經九分飽。

9. 利用食材騙術

2009 年我在《壹週刊》上讀到擁有丙級廚師執照的蘇曉音小姐的獨創減肥法：飲食欺騙術。巧妙的用食材替代，創造出看起來和吃起來都很像那麼回事，但事實上卻不是那麼回事的料理。

蘇曉音用紅茶和兩匙薄鹽醬油滷蘿蔔；用金針菇代替麵條，加入黑醋和少許醬油，撒些蔥，就是另類好吃的傻瓜乾麵；在烤魚下鋪蘋果片，烤出爐後撒少檸檬汁，可提出鹹味又能降低味蕾對重口味的需求！利用泡菜炒豬肉，肉片稀釋了泡菜的鈉含量，又提高了肉片的美味。菜色變清淡，味道卻不失色，不會因為重鹹、重油而扒太多飯。

我便改用大量金針菇代替麵條，
少許日式醬油，搭配自製糖心蛋和肉味噌
（後有食譜），既可刺激腸胃蠕動，
蛋白質多又有飽足感。

掌握飽足感的方法，少吃的過程一點也不辛苦，越
來越瘦後（減肥最好別餓到，否則下一次進食會
更餓、體內吸收更多），後面有我今年認真讀書、
看各種研究後重新設計的豪華激瘦料理，保證越
吃越美、越吃越瘦、越吃心情越好，激瘦卻不激
餓，再也不必靠甜點、炸雞來滿足無望的空虛！

想像自己是即將出道的明星之卵，
以開演唱會為目標努力吧！

CHAPTER 03

奈嬏的逆襲

大嬏魂走開！（撒鹽～）不要上我身！

窮酸
>—<

2006 年，我就吃過那次、僅只一次的榮總三日減肥餐，後來便與減肥餐失聯。本想繼續再吃個幾輪、瘦得一鼓作氣，但接踵而來的飯局、飯局、飯局，讓我的減肥破局、破局、破局！每天都鬼擋牆的在吃第一天減肥餐，葡萄柚、花生醬吐司、鮪魚吐司、無糖冰淇淋紅茶⋯⋯天啊，吃減肥餐也有撞牆期！

豪華
~^o^~

算了，反正只吃一輪，褲頭就明顯變鬆，只要 3 天就能瘦，還有什麼好怕的？仗著這樣繼續大吃。離開學校進入電視圈後，工作時間更長，吃東西的機會更多，工作量大，食物需求量也大，加上出外景常常可以吃到好東西！離開電視圈成為自由工作者後，飲食習慣更隨便。大吃或亂吃變成常態，就這樣越來越忙，越來越胖，最後一次對體重的印象停在 59 公斤（匆匆一瞥），然後就把體重計藏到床底。

直到去年發生那件事，意外開啟我另一個全新的生活習慣、生活態度。

美體日誌一

每個胖子減肥都有一個理由，放棄都有一個藉口

我減肥的理由既簡單又膚淺，而且開始得莫名其妙。

一切得從 2011 年 1 月開始說起，故事有點長，相信我，這些關鍵所引發的連鎖蝴蝶效應應該都不是偶然，而是必然！（韓劇上身）

每一年，我會給自己一個新功課，去發生一個新行動、撞出一些新火花，一年後我就會更進化。2010 年初發生好多起網路盜名、盜用和媒體惡意扭曲造謠事件讓我低潮（**沒訪問我卻可以自說一篇我對健保的發言，想提告，最後被爸媽友人勸退**），我決定不讓自己困在網路世界，一個人周遊台灣，挑戰破紀錄的巡迴演講，每週 4 場，一年累計 208 場，講到喉嚨發炎失聲好不了，一度以為自己無法再唱歌。

那些都事小，演講對我來說最難的一關是：「今天要穿什麼？」每次出門想到這就倍感壓力，我必須解決造型的問題：為什麼總覺得沒衣服穿？我的衣櫥有這幾個問題：

1. 整個更衣間都是堆積如山的衣服！每件衣服都擠到幾乎忘記它們的存在，雖然如此還是常常焦慮沒有衣服穿，每次要出席活動都想買衣服。
2. 有些衣服買來才發現好難配。那些價格不低的名牌貨，曲高和寡（其實是我不會混搭），三年來一次都沒穿到。
3. 有些衣服已經 N 年沒穿，食之無味棄之可惜。穿不下又丟不掉，看起來百搭卻每次都不搭它。
4. 老是穿那一千零一件，老是用一千零一種穿法。例如一件上衣搭一件褲子，和一雙鞋子（穿搭不是這樣的，這只是穿，沒有搭）。
5. 沒想法的時候只會穿洋裝！（只會穿洋裝的人也不能說會穿搭）。

2011 年 1 月開始，我給自己的新功課是重整衣櫃研究穿搭。對我來說，能稱得上穿搭技巧的特徵是：多層次、善用各種配件、要一衣多穿，要把穿搭的概念植入腦子、深入生活。為此我勤看時尚雜誌、認真做功課、做剪報、畫重點，在沒有創意之前，先模仿學習。

我把我的穿搭研究報告和實驗過程記錄在部落格，果然帶來很大的改變。自己越來越懂穿衣

整理衣櫃舉辦了多次二手衣拍賣

服、越來越會搭配，還成功混進時尚圈，受邀出席各大精品的服裝發表會、新品記者會、開幕派對……也受邀到各大百貨公司和紡拓會舉辦穿搭講座。

除了看時尚雜誌，我最常觀摩的對象是重慶的雙胞胎部落格名人：嗆口小辣椒。她們是對仙女級的姊妹花，在淘寶紅翻天，走紅的原因是擅長將普通平價的單品，搭配得與眾不同，非常有特色。但我覺得真正受歡迎的原因還是人正、身材好，穿什麼都有型。

2010 年開始看她們的部落格，把現在過去全翻過一遍。她們 2006 年剛出現在博客時只是單純拿手機對鏡自拍，記錄當天穿搭，後來兩人穿搭技巧越來越好，攝影工具也從手機進階到單眼相機，也搖身升級為專業 Model！質感超乎雜誌攝影和歐美街拍。她們高層次的突破和超水準的成長是激勵我想變得更好的動力。

一開始我以她們的穿搭為範本，利用自己衣櫥裡的單品模仿。即使模仿得像，整體美感卻完全不同，20 出頭的她們好纖細、好白皙、好玲瓏、好精緻。2011 年 10 月，我跟著她們分享的穿搭品牌，連上英國網站（Topshop 和 ASOS，**全球免運費**），那是我第一次網購。

我從不網購衣服，總相信眼見為憑，試穿才準。願意進入網購世界除了被她們姊妹花穿到洗腦、牽著鼻子走之外，還因為國外網站售價比台灣代購合理得多，樣式也比台灣專櫃好看，再加上全球免運費，不喜歡可以全額退現。（寄貨回去的郵運自費）。

公斤算什麼？公分才是最殘酷的！

公斤沒把我嚇跑，但公分卻讓我難做人，差 1 公分就有能不能呼吸的差別！差 1 公分就有高低腰的差別！網購逼我不得不面對自己的身材數字：臀圍 99 公分（倒抽一口氣，差點破百，39 吋！）腰圍 80 公分（31 吋，OMG！不能讓黃博知道我的腰已經快跟他一樣粗），以前都穿英碼 10 號，可是對照尺寸表，好像有點緊，該買 12 號嗎？不，我還是堅持買 10 號。

10 天後，那幾件漂洋過海、期待已久的衣服、褲子、裙子上了我的身，效果截然不同！（當然也跟網站上的 Model 相去甚遠），就是大嬸和小姐的差別！大嬸一點也不適合桃紅色的老爺褲、更不適合緊身性感 Tee！

第一次看著鏡子裡的自己，震驚、傷心、絕望！

以前不想減肥是因為不懂打扮，也不需要打扮，能遮就遮，隨便穿都過得去，沒有要求，就沒有進步。

所有的穿搭研究最後卡在身材上，怎麼穿都老、土！難有更驚豔的突破。穿搭研究頂多只能著墨如何顯瘦？如何用最少單品穿出最多變化？卻不能進展到如何減齡五歲、或穿起來魅力加倍！

大嬸還是只能穿大嬸的戲服，戲份相當有限！

就算胖，長得還是討喜，穿衣服只求不出錯。

老天**關**我一道門，同時**開**我**三**扇窗：**跑**步、**整**骨、**健**身操

　　我在郵局退貨寄回英國，這時 Abby 傳了訊息來：「我好胖！我要開始跑步！」OMG！她是地球另一端的我嗎？我沒喊出來，她就先發聲，就在這個 moment，她帶我走了一條沒走過的路。

　　說到胖，每個人的標準不一樣。

　　Abby 到底有多胖？只有她自己知道。在我還沒給她我的尺碼數字前（還有裸照），她不認為我多胖，我也不覺得她胖，不過她身為香港穿搭潮人，怎能讓路人看出她胖呢？如果她胖，一定是沒穿好。

　　「不是要不胖，是要瘦！」Abby 這麼說。

　　說到做到，Abby 開始每晚跑步 1 小時，很快就瘦兩圈。

　　三不五時，Abby 就會傳來她的草食餐和跑步照，有時是她的運動 look 全身裝備，有時是跑完一身汗流浹背，有時是一堆美女減肥前後的照片，好勵志！當然還包括我們愛的鄭多蓮。

只要穿錯，可以一秒變象人。

減肥只有兩條路：少吃、多運動，どっち（都機）？

減肥只有這兩條路，跟理財一樣：開源（多運動）、節流（少吃）。胖子甩油一定要先二選一：先控制飲食減脂、或先跑步甩脂。看我用不同動詞就知道哪個效果比較強！30幾年來，我從沒節食過，放棄大吃太難，我有減肥動機，但還沒有少吃的心理準備。

「妳也一起來跑步吧！」

「好！」我答應的太爽快！面對Abby的戰帖，誰敢說不？（我想她也不敢對我的戰帖說不，哈）

我相信每件事件的發生都有它的道理，會給生命帶來劇變，往正或往負，看每個人的選擇。只要樂觀順著生命的流往下走，一定會看見柳暗花明的出口，老天總會適時在需要時給我一隻手，幫我做了決定，我得好好握住。

既然我無法少吃，也只剩運動這條路。跑步是吧？走吧！

Abby為了加強跑步意志，第一件事就是張羅她的跑步Look，務必做到就算跑步也是最潮。

Abby專業又時尚的運動Look！

但我的運動 Look……

這些照片已經運動 1 個月（2011/12）
，瘦了一圈，肚腩依舊在。

　　睡衣、睡衣、還是睡衣！反正在家裡社區跑步，沒什麼好羞恥的，連慢跑鞋都穿黃博的（我們腳差不多大，多放張鞋墊就合腳）。

　　不運動的我根本沒有運動服，也沒運動鞋，10 幾年前的有氧舞蹈道具全都丟了。
　　我：「我想買運動服！」
　　黃博：「妳要運動？跑 1 個月再買吧。」

　　唉，被人這樣瞧不起，我也無力反駁，連我都覺得極度有可能只跑這 1 天！以前經驗總是這樣，每次想減肥就想到跑步，一股腦衝到健身房卯起來連滾帶爬跑 1 小時，然後累倒，第二天全身肌肉痠痛，動都不能動，想都不想便中輟。

　　不只黃博，小妲和 CPU 都是我中輟的見證人，都賭我過不了這一關。

　　「好！如果我每天跑，你們就請我吃大餐！」（還在想吃！妳到底怎麼回事？）

究竟可以跑多久呢？真的會瘦嗎？（攤手）我沒把握。

我不等待、不挑日子說走就走，2011 年 10 月 24 日這天 MC 還來，我穿上慢跑鞋到社區健身房，目標 1 小時！不到 1 小時絕不出來！

竟然又訂 1 小時的目標，太不自量力！不過這次我打定主意，不跑步，改用快走的方式，**速度一開始定每小時 5 公里，別太衝。**

快走
緊腹
翹屁股

美體日誌五

有 氧 運 動 不 一 定 要 跑 步，快 走 不 瘦 胸、又 易 持 久

快走效果不輸跑步，甚至比跑步好！

快走運用到的肌肉更多部位，後臀肌、大腿肌、腰部和腹部還有肩胛骨，連駝背、肩膀痠痛都可一併改善。心跳一樣可達每分鐘 110～120 下，對心臟不好或容易喘的人（我）來說，是非常棒的運動方式。

奈奈小提醒

快走的技巧一定要挺胸、手擺動、用力縮小腹！往正前方走直線，記得往前踏出後腳跟著地，往後時延展大腿肌肉，正確的姿勢會動到的你的後臀上下肌肉（**記得邊走邊摸檢查**），錯誤的姿勢根本白做工。快走不等於散步，不能全身鬆軟駝背凸肚的拖著腳走，散步是悠閒的放鬆，對肌肉的鍛鍊幫助不大，頂多只是活動筋骨、暖暖身。

　　若社區或家中沒有跑步機，也沒加入健身房，可拿計步器或心算，維持1秒快走2步，重點是要維持一定的速度！不可腳軟或放棄，30分鐘可行2.5公里，燃燒115卡；60分鐘可行5公里，燃燒220卡，最好的方式是繞著公園以相同的路線，才不會遲疑或危險。

先暖身。

　　身體太久沒動一定要先暖身（開機），不能一下就逼死它。上跑步機前我先來幾個伸展、擴胸、深呼吸和暖身動作喚醒身體的細胞。生鏽的身體一定要先鬆動一下。

1. 雙手慢慢往上、吸氣；往下、吐氣，感覺腋下也在用力。（站著轉關節就可以）
2. 每個關節慢慢鬆開，從脖子左右擺動、肩膀前後上下、手肘、手腕、腰扭一扭、屁股搖一搖、膝蓋抬一抬、腳踝轉一轉。

雙手微微往上
吸氣～

雙手往下
吐氣～

站著也可以做。

慢慢走。

　　時速5公里，一邊走一邊告訴身體未來可能就這樣一路走下去，往瘦子的世界出發，希望身體可以支持我的想法，陪我一起邁向新世界、新生活。

不到 1 分鐘我就跟身體聊完了（驚），接下來漫長的 59 分鐘我要跟身體聊些什麼？

　　我決定先放空，不要把注意力放在時間上，開始想著 1 小時後的汗流浹背、1 小時後一定要拍溼答答的照片跟大家炫耀我第一天就走足 1 小時，有起步就有希望，身體會慢慢改變，天底下做哪件事可以這麼有把握、這麼划算！努力不一定有回報，但努力一定不會肉鬆！我正往更好的生活走去，一個月後一定會脫胎換骨，不管怎樣，這次一定要堅持，今天不開始，哪天又後悔？

　　什麼？這樣才又過 5 分鐘？ OMG ！痛苦的時間相對上果然比較長！而且腳已經無力了怎麼辦？痛苦痛苦……但我一定要撐住，如果不能控制自己的身體，又該怎麼管理自己的人生？現在放棄我會瞧不起自己！

　　再轉移一下注意力，感受一下身體的肌肉們，來調整走路的動作好了。

　　握拳比讚的手勢（**幫助集中力量**），雙手手肘往後延伸、前後擺動，把肌肉繃起來用力（**絕對瘦手臂，我保證，不做就沒有喔**），哇，我的肩胛骨喀擦喀擦，聲音好大，太僵硬了吧！抱歉抱歉，好少關心你們的健康。

　　我的肚子好大（**沒有腰**），用力縮小腹，練習邊走邊深呼吸，Hold 住小腹、夾緊屁股、抬頭挺胸往前走。

　　快走時請注意不要使用小腿肌肉的力量，要把意識集中在大腿前方，用髖關節推膝蓋向前，跨出步伐，後腳跟著地，肚子緊縮、用力，喚醒腹部的肌肉。

奈奈小提醒

　　我第一個禮拜沒抓到訣竅，不小心種出蘿蔔（小腿變粗），緊急按摩！手握拳，小腿塗抹大量乳液，用指關節來回壓按推。從側方、正後方，用力推、天天推，直到散去為止。自己無力可以請師傅幫忙腳底按摩，狂推你的小腿，別人推比較快散去，也可用按摩棒來回滾動小腿，務必揉到肌肉散去。我推了兩星期才把這偷長的蘿蔔推散！

過了 10 分鐘，大腿開始痠，運動的感覺來了！

我們社區的健身房沒有冷氣，只靠兩道門對流的自然風。10 分鐘後時間開始變快，第 15 分鐘我的頭髮漸漸滲出汗，20 分鐘已經濕透！30 分鐘後快走貓步已經很順暢，接下來 40 分鐘、45 分鐘、50 分鐘更不是難事！以每分鐘為單位時間過比較快，最後倒數 5 分鐘好快就來！

這過程就像出發到一個陌生的環境，一開始摸索的時候時間感覺好漫長、去的路途好遙遠，但回程就像走下坡，咻～就到了。前半小時像去程，後半小時像回程。

突破 60 分鐘後，為了證明我還可以，多送 7 分鐘。

執行得比自己預期還好的感覺真是太棒了！

馬上把今日所得拍下來，今日成功累積 6.6 公里，寄給中女時代聊天室的成員看。大家紛紛給我掌聲，互喊：「強！」Abby 也把自己今天的成果傳了過來。

彼此互相鼓勵互相打氣，成就感來自同伴的讚美和歡呼！每個掌聲都讓自己感覺良好。

美體日誌六

運 動 其 實 好 大 學 問

跑 1 小時好？還是半小時好呢？什麼時候跑？一個禮拜跑幾次好？

林頌凱醫師告訴我：「運動消耗身體能量順序：血糖（**葡萄糖**）→肝醣（**肌肉跟肝臟內儲存的**）→脂肪（**皮下以及內臟間**）和肌肉中的蛋白質，所以持續 30 分鐘的有氧運動才容易消耗到脂肪。」如果要燃燒脂肪建議維持 30 分鐘以上。

查醫學文獻，一個禮拜運動若未達到 3 次無法減重，對心肺功能、肌耐力改善也較無幫助，過去建議運動原則為「333」1 週 3 次、1 次 30 分鐘、心跳至少 130 下，現在改為「531」：1 周至少 5 次，1 次 30 分鐘，心跳快至每分鐘 110 下。（跑步心跳會達 130 下，快走心跳每分鐘約 110 下）

享受運動一定要先愛上運動！盡量不要太操，選擇每個人適合的方式和時間，量力而為、適可而止，重點是維持！不建議每次都做強度太大或時間太長的運動，因為這會帶來大食慾！加減之下運動成效只達 3%。

乳酸出現怎麼辦？

我試過 20 分鐘和 30 分鐘的身體感覺很不一樣，30 分鐘肌肉乳酸明顯出現，20 分鐘還好。

久沒運動的人一定會馬上感受到乳酸堆積的不舒服，改善的方式有：

1. 休息。一開始別太長時間或太頻繁做。
2. 拉筋伸展。拉筋每個動作最好持續 15 秒 ～30 秒，最好每個地方都拉到。

3. 按摩拍打。
4. 多吃蘋果、橘子、蔬菜等，有助於排除乳酸。

我第一天運動後便出現乳酸，好緊好不舒服，提醒自己運動完便大量喝水和按摩（**最初並沒有飲食控制，後來改食大量水果和蔬菜加速代謝乳酸後，天天運動也不再有乳酸的感覺**）。

運動前吃飯好？還是運動後吃飯好？

「運動前最好吃些澱粉幫助燃燒，但不要過量，香蕉即可，運動後可補充 1 顆蛋或 1 瓶無糖豆漿補充蛋白質。」林頌凱醫師特別提醒：「一般 1 小時以內的低強度運動是不需要額外補充食物的，只會造成熱量堆積喔！」

我的狀況是這樣：前 3 個月飲食完全不變，運動前後想吃就吃，燒肉、麻辣鍋、便當、火鍋、湯麵、鴨血臭豆腐、牛排等毫不忌口，運動完也吃宵夜，依然還是瘦瘦瘦！可見運動力量有多大！我每天都吃飽飯後才回家運動，運動完後偶爾還會吃胡椒餅、鹽水雞、豬腳麵線和滷味當宵夜，所以我想，不管什麼方式，重點是不間斷、持之以恆。

奈奈小提醒

過來人多嘴一下，單靠運動卻毫不忌口的關係，屁股雖然瘦了，大肚腩還在（難減）！大腿還是不緊實，這是我第二個月後改做健身操，第四個月開始調整飲食的原因（鮮食酵素改善消化系統、多吃讓皮膚緊實、利尿的食物）。

哪個時間運動好？

若按照身體 24 小時能量循環的順序，最好的運動時間是早上 5 點到 7 點之間，運動完剛好大便，9 點前吃完早餐，下午 1 點前一定要吃中飯，因為下午 1 點到 3 點小腸要開始消化食物，下午 5 點到 7 點不適合運動，否則會增加腎的工作量，晚上 7 點到 9 點要開始準備休息，11 點要入睡。

但現代人不可能按照這樣的順序活動，所以我只遵守用餐後 1 小時運動。

我最初好急，想快點看到成效，才能增強我的堅持。第一、二週，每週運動 4 天，每次快走 60 分鐘（量力而為，我真的跑不來），為了逼自己養成習慣，特別空出 1 小時運動時間，運動皇帝大；第三、四週，運動已經漸漸變成我的生活重心，增加運動時數，改成每週 5 天，每天快走 60 分

鐘，速度加快（約 1 秒 3 步），每週都要讓自己的成績進步再進步。第五、六週之後，每週運動 3 次，每次 30 分鐘快走，每天晚上在家跳鄭多蓮健身 37 分鐘（不受環境和時間限制）操，如此密集運動 3 個月。

　　當時心裡急著想變瘦的動機已經大過偷懶的心機，沒有想放棄的念頭。
　　其實是無法放棄啊，港台兩地朋友都在看，哪能說放棄就放棄，運動期間找朋友打賭或有運動夥伴絕對是養成運動習慣的不二法門！

奈奈自我激勵小技巧

　　上微博看徐濠縈和鄭秀文跑步貼文，她們每次夜跑 9 公里、10 公里，好可怕的意志力，看著看著便覺自己不孤單，期許自己是時尚圈之卵！機會是留給有準備的人！（握拳）

　　夢想需要付出代價，需要時間養成，懶惰的人絕大部分無法享受美好的人生。
　　幸福，沒有不辛苦的，辛苦多一點，幸福就會多一點。

成果報告

　　密集快走運動一個月，大腿和屁股明顯變瘦！但腰部曲線和手臂線條都未出現，開始檢討快走雖有氧，提高心肺功能，卻極少動到腰部和背部這幾塊中女最在意的大群肌肉，也許該增加一些伸展或無氧運動。

奈奈小提醒

　　運動前後一定要喝水，水是燃燒脂肪的加速器。
　　喝水加速瘦！一天至少喝足 1,800cc～2,000cc，最好分配早上 900cc（1 杯馬克杯 = 300cc）、下午 600cc、晚上 300cc。晚上喝水我不太容易水腫，可能因為我常吃利尿代謝的綠豆湯和葡萄柚。

運動剛開始千萬不要急著量體重或三圍，一定要忍住，一個月後再量。如果急著量，進度很慢會有挫敗感，先從鏡子觀察自己的身形開始，等到一個月後再來看成績，會比較有成就感。

美體日誌七

一個月的 密 集 快 走 消 脂 有 成 ，接 下 來 轉 換 運 動 方 式

運動要多多變化，不然容易膩。變化的方式很簡單，變化跑步路線（有時跑步機，有時繞著前面的公園或後面的河堤）、變化跑步行頭、變化跑步聽的音樂、變化跑步的伴，或是變化運動的內容。

第二個月開始，我改變運動模式，每週運動 5 天，每次快走 30 分鐘有氧運動，加 30 分鐘鄭多蓮的無氧健身操。

我先買鄭多蓮的書，從 15 分鐘的示範影片開始練習，再進階其它全身、啞鈴或腹部、伸展運動。

在我開始跑步之前，本來想先跳鄭多蓮的健身操，這對我來說比較好上手（以前受訓過），在家就能做，不必出門，不受時間限制，不會製造太多聲響，頂多只有前點、後點、左點、右點，連踏步都沒有，無聲無息，大部分是鍛鍊身上核心肌肉和局部肌肉的運動，是個可以在家放心練、大膽做的好運動。

沒想到！真的沒想到！太自不量力，我的腰和背完全沒力！好多動作根本無法做到。

請倒帶回到我虎背熊腰大嬸背影的那個時期，背部、腰部完全沒有肌肉要怎麼做這個動作？完全無力！我連挺胸都很難做到，只好認份的去跑步。

　　從未運動過的人（我）一定要記得先減肉（少吃或跑步），再開始塑型。

　　2011年11月24日，跑了1個月，身體習慣運動，腰和腿都明顯比較有力可以完成所有動作。

　　很多人反映跳鄭多蓮的健身操沒有效果，甚至傷了腰和膝蓋。任何有氧舞蹈或健身動作要注意的細節好多，沒人帶著做、幫著看，大多無效，還容易受傷，我注意到很多人的姿勢其實只有做得像，卻沒到位，或錯位。

我依自己的經驗提出幾個細節分享：

1. 跳健身操前可能需要先減重。

　　不是排擠胖子，我自己一開始也跳不動（59公斤）。膝關節退化受傷的病人大部分是運動員、老人、膝蓋受過傷的人，還有胖子（60公斤以上），因為體重讓膝蓋負擔太大。健身操大部分的動作會做到4個8拍，肥肉太多，無法使力，很難堅持，易有挫折放棄。37分鐘的健身舞運動強度滿大，若沒有先讓身體暖機或習慣運動，心肺也會不堪負荷。

2. 不管任何動作，請讓自己全身的肌肉緊繃、用力。

抬手臂

縮手臂

　　就算只是一個簡單的抬手臂或縮手臂，都要讓手臂的肌肉緊繃。

扭腰

扭腰要盡量角度大一些;臀部 8 字運動要保持上半身不動,下半身
用腰力把臀部彈出去(臀部 8 字運動想像地上有一個∞,用妳的臀
部把它描出來);後抬腿前後保持平衡也需要好大力氣才不會搖來
晃去;旋轉、畫圈也要用力定住。

每一個動作都要確實,不能晃來晃去,無氧動作不是舞蹈,不是比
手畫腳,它是一個兼具力與美的動作,想像空手的時候還握有重量,
保持腹部用力緊縮的狀態(縮小腹)。

3. 很多動作要注意:上半身動、下半身不動;上半身不動、下半身動
 講得好像印度舞啊!也只有這樣才能真正鍛鍊到身體中段的肌肉。

比如這個動作,用力定住上半身或下半身,腰部和腹部的肌肉才有
機會用力。肩膀前後亂搖就錯了第一步,要想像有條無形的繩索把
妳拉住!

4. 半蹲的時候記得屁股往後坐，重心在後，胸部不超過膝蓋
   半蹲是訓練大腿肌肉最好、最方便的動作。

這是我最愛的動作之一，也是我平時最常做的動作，手扶腰、身體
凹，用手把骨盆推向前，手不需用力，腰部用力。

推向前的時候胸部凹、推往後的時候胸部挺，可以練後背肌。

但一定要注意重心在後，這樣才不會把整個重心壓到膝蓋上，讓膝
蓋受傷。

5. 不管哪一個動作都要注意保持平衡，背部和手都要保持伸直，膝蓋
   保持微彎。
   光是保持平衡已經足以鍛鍊身體全部的肌肉，看似簡單卻不簡單，
   越伸展，肌肉越有彈性，贅肉才沒有空間存在！

6. 無氧運動不一定要拿啞鈴：

　　拿啞鈴對毫無肌肉、有掰掰手的人來說太難了。事實上不一定要拿啞鈴才會練出肌肉，只要妳動作有意識的用力，慢慢做，還是可以練出緊縮的肌肉。

　　我一開始空手做，記得要比讚的手勢，才更好出力。1個月後用2顆橘子代替啞鈴。再1個月後，手臂有力一點，進階到小罐裝的礦泉水瓶，裝半瓶水，然後再進階到八分滿的水。半年後，我現在拿的是1公斤的啞鈴。

美體日誌八

運動不瘦胸、不傷膝蓋、不壯小腿的方法

1. 不想瘦胸一定要記得早上吃澱粉、豆類食物、穿內衣（選擇較緊較包覆的運動內衣，或大罩杯的普通內衣）

早餐一定要吃澱粉才不會瘦胸，想豐胸的話更要多吃納豆、豆腐、豆漿、紅豆、花生、山藥、黑木耳、牛奶、蘋果、哈密瓜這類食物，它們豐胸同時又是瘦下半身的激瘦食材（我每天都吃這些食物，蒸煮、涼拌或打果汁）。

跑步燃燒的是全身脂肪，胸部是最大脂肪地，也是跑步第一個消滅脂肪的地方，更要小心保護它。我大四運動時，穿運動內衣，鬆的好像只是為了防止激凸，邊跑邊甩肉，奶都甩掉了，還好後來又胖回來。試穿看看，跳起來胸部會不會移動，如果有穿跟沒穿一樣，其實不 OK。

選擇快走當運動不太會瘦胸，跑步一定會把奶甩走。（妳看哪個跑步選手有大奶？）

跳鄭多蓮時我穿運動內衣，因為動作大、活動方便，健身操不 會甩奶，只練身體大範圍肌肉，需要好活動的彈性內衣。穿運動內衣配瑜珈褲跳健身操很好看，**可以檢查自己小腹有沒有用力**，又可以看見自己小腹漸漸變小的過程，很激勵！

快走的時候我穿正常一般的胸罩，有鋼圈、3/4 罩杯、下圍比較寬、包覆胸部、副乳和腋下肉那種，這樣胸部才不會跟著快走搖晃，甩奶機會大幅度減少，真的比較不會瘦到胸。有人會說穿鋼圈運動比 較不健康，我不覺得，畢竟快走還不算強度大的運動（其他運動如瑜珈、球類或跑步不建議穿鋼圈內衣），平常日子上班也穿內衣，快走的機會很多，比較難受的只是內衣較不吸汗，一定要有毛巾擦乾，或快快回家洗澡。運動一定要擦汗，預防汗斑和感冒。

包覆面積較大的運動內衣（內附胸罩）

快走時，我穿有袖的運動上衣，因為手臂會跟著擺動，挺胸，手肘往後推，以握拳、大拇指比讚的方式快走。加上手肘擺動，姿勢會更協調，手臂也會跟著瘦！因為手臂擺動會摩擦身體，如果沒有袖子流汗後會有點噁心！

2. 不傷膝蓋要確保姿勢正確，並穿護膝和瑜珈褲。

　　運動後 1 個月，我才買瑜珈褲、運動內衣和兩雙運動鞋（分室外用和室內用）。準備一雙乾淨的運動鞋在家穿！隨時穿著，想運動就運動，在家走動也會瘦。

　　做健身操時每個動作都要正確到位，這樣就能避免膝蓋受傷。穿瑜珈褲可以保護膝蓋，超彈力布料包覆膝蓋，施力時褲子有彈力也較省力，冬天比較保暖（體溫上升，代謝也會加速）。如果穿短褲運動，記得穿護膝。平常飲食多吃木耳、海帶這些有膠質和軟骨素的食物來保護關節。

　　膝蓋受傷的人可以嘗試騎腳踏車或游泳。即使不會游泳，也可以到游泳池裡散步，水中行走燃燒脂肪的速度是陸上的 3 倍，走 10 分鐘就有 30 分鐘的效果。

運動 1 個半月，買了瑜珈褲，瘦了很多，但肩膀還是圓形、肚腩還在

3. 不壯小腿一定要記得穿運動鞋、走路夾緊屁
　　股、勤按摩

　　不管快走、跑步或健身操，一定要穿（多功能）運動鞋。千萬不能穿拖鞋在家做無氧運動，連啞鈴、腹部運動都一定要穿運動鞋，穿運動鞋抓地力才夠，用力的地方才對。

　　若穿拖鞋做健身動作，任何一個動作都會讓你的腳掌和小腿用力，不到一個禮拜你的腿就變粗了，還容易滑倒受傷。穿運動鞋才會用到大腿和臀部的肌肉，我有時在家都穿運動鞋，方便我隨時休息就扭臀和半蹲，練一下大腿肌。

不瞞妳說，如果你姿勢正確無誤跳鄭多蓮的操 1 個多月沒流汗也沒有瘦，只有三個原因：1. 你超重，要先上節食跑步先修班。2. 你沒穿運動鞋。3. 你沒出力。

美體日誌九

解決大家最關心的下半身肥胖

腰圍大於 80 公分被定義中廣身材，我以前正好站在中廣門口，腰圍 79 公分，體內脂肪 4 公斤，這是很恐怖的數據，4 公斤全是趴在內臟上的脂肪！肚子大的人通常內臟脂肪肥厚，會帶給身體器官很大負擔，容易頭暈、精神不濟、記憶力衰退、健忘。

中廣身材通常只有 30% 的人是天生肥胖，70% 的人都是因為作息（熬夜、晚睡、睡不飽）、飲食（吃太油太鹹太快、吃完便躺著）、生活習慣（大吃或不吃）、姿勢不良（彎腰駝背）、年紀變大（新陳代謝變慢、壓力越來越大），而開始在腹部累積大量脂肪的。（這本書正好幫妳的問題各個擊破）

為了剷平我的肚腩，費盡心思、找盡資料，後來發現，要疏通腸子絕對要加入飲食改變，**一定要在對的時間吃對的食物。**

剷除小腹從日常習慣改善：

1. 千萬不要彎腰駝背，一駝背，腹部肌肉就荒廢。
2. 吃完飯最好別繼續坐著，可以先站著。
3. 找回飽足感，別再認為吃到飽很划算，已經不是學生啦！
4. 細嚼慢嚥加速消化和代謝。（狼吞虎嚥很歐巴桑）。
5. 多吃蔬果，讓腸內天天存入天然水果酵素才是長久之計。（天然的喔，不是化學果汁）
6. 為了建立腸子正常蠕動習慣，早餐一定要先吃水果，然後吃澱粉。
7. 每天喝足 2,000cc 的水。
8. 不趕時間時，多走樓梯。
9. 不累的話，吃飽或平常多挺胸站著。
10. 勤做腹部鍛鍊運動。

有研究討論吃冰容易長脂肪。理由是當體溫下降，身體會釋放脂肪保護自己免於受寒，常吃冰品、冷飲的人小腹通常比較大。明白，往後我喝冷飲或吃冰便刻意放慢速度，含在嘴裡融化等到回溫才吞下。

美體日誌十

針對下半身肥胖設計的簡單運動

鄭多蓮書裡寫著：「覆蓋在腰部、腹部、背部還有臀部那些肥滋滋的贅肉，就是肌肉衰退造成的。」哇，不能再忽視這件事！因為覆蓋在肌肉上的脂肪讓皮膚看起來凹凸不平，皺巴巴，老態橫生。臀部脂肪最重、最大片，隨著年紀增長還會越來越垂，下垂的年紀我保證不是 40 歲也不是 50 歲，是 30 歲！（切身經驗），如果沒有運動，也許還能靠飲食維持住瘦，但這樣的身體沒有肌肉、沒有緊實，還是一個老字！

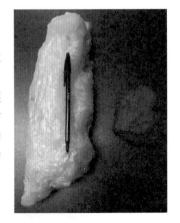

5 磅脂肪（約 2.75 公斤）和 5 磅肌肉的差別（圖片引自網路）

所以一定要特別鍛鍊腰部、腹部、背部和臀部，只要每天 50 幾下，很快就會看見功效，若搭配下一章的激瘦料理，只需要 1 週間！我每天都一定把這幾個動作做一輪，看電視、等電梯、上廁所、四下無人就做一下。

扭腰：左右擺動你的腰，搖擺動作漸漸變大。

　　這個動作最簡單，我無時無刻都會做。直接運動腰部肌肉（身體最大面積的肌肉群若退化，最容易堆積脂肪），阻斷脂肪累積。

　　以下動作重點是消除腰、腹、背贅肉，更要大做特做，而且記得一定要穿運動鞋做才站得穩。

彎腰：想像站著做仰臥起坐，上上下下。

正面

側面

下腰： 兩個動作，可當拉筋，拉筋動作持續 10 秒。

奈奈自我激勵小技巧

光這個動作每天 30 下 7 天就可看到效果，記得肚子用力喔！

側彎（左右伸展側腰，想到就做幾下，感受一下腰部延展停留 10 秒）

奈奈自我激勵小技巧

手往上延伸，讓側腰保持伸展。

扶牆轉腰：扭轉側腰，1天5次即可。

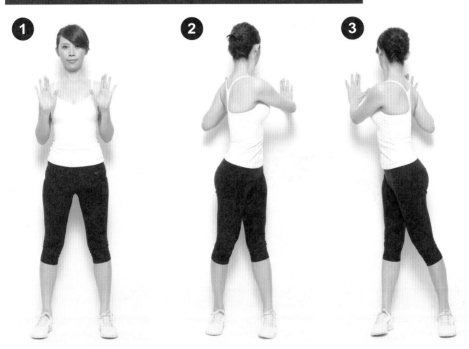

1

2

3

預備動作，離牆約一個腳掌長。

轉腰直到雙手碰到牆為止。

提臀：可扶椅子抬腿，強化上臀肌肉，又翹又瘦。

1

2

奈奈自我激勵小技巧

初次做這動作的人可以先扶椅背或牆。

半蹲一式：膝蓋向外彎，練大腿內側和後臀肌。

半蹲二式：雙手放膝，膝蓋併攏半蹲，練前後大腿肌。

正面

側面

半蹲三式：雙手往前保持平衡，除了練腿還可練手臂。

正面

側面

躺到床上也要繼續做這幾個動作：

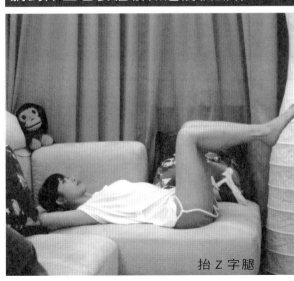

抬 Z 字腿

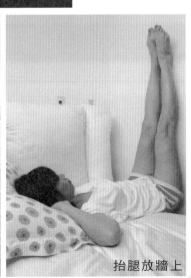

抬腿放牆上

久坐辦公室的人長期不動，下半身彷彿一攤死肉，也像離開冷凍庫的冰淇淋，隨時著時間慢慢扁塌融化、擴散。每天花點時間做鍛鍊，就能守住下半身的曲線！

美體日誌十一

簡單的毛巾美體操，假舉重也可雕塑

美胸加美背

正面

背面

雙手握住毛巾兩端往上舉高　　　從頭後面慢慢往下　　　　　後背肉夾緊，讓肩胛骨往內縮。

美臂：手臂貼在耳側，保持毛巾在後方與地面垂直，上下拉毛巾，一邊做完再換手。

纖腰一式：左右延展側腰肌肉。

纖腰二式：前後扭轉腰部肌肉。

美腹（連續三動作）

1
2
3
4

雙手拿毛巾下腰

起立

往後讓腹部和腰　恢復動作
部延展

美體日誌十二

不必用 明 星的方式 減 肥，要以明星的 規 格去實 踐

　　國內外明星減重恐怖怪談很多，付出的代價好危險！很多藝人老了醜態百出，很可能用了錯誤卻極速的方法來維持美貌和身材。

　　不要相信那些說他們都靠不吃，長期忍受飢餓才瘦的人。有人常用肉毒打小腿消蘿蔔肌，打到無力久站；有人多次雷射溶脂，溶到水腫，嚴重的還病毒感染；有人推廣運動卻長期吃減肥藥；代言瘦身產品的人，都是先變瘦才接到代言；真正吃減肥藥的人不會公開，直到某天身體出現現狀況了才爆出、突然退隱。

　　不必羨慕她們的身材，時間一久一定露出破綻。我知道胖到無能為力的時候，最渴望的就是擁有某種神奇的東西，一覺醒來或一夜過後就馬上變身！

速效的東西，得付出更多代價來吸收它的副作用，化學合成的東西雖然名為保健，吃進去卻是腸胃肝腎的負擔。醫學報告指出，減肥藥的減肥效果平均頂多只減掉 2.27～3 公斤，與風險不成正比。停藥後必復胖，一切還是得從頭開始，但身體機能已受損，不復以往。

　　常聽醫生們提減肥藥的副作用，聽久了都怕。台灣常見感冒減肥藥含 PPA（Phenylpropanolamine），類麻黃素和安非他命，其實就是毒品！引發心智混亂，腦中風的機率增加 16.58 倍，此毒無解，只能洗胃，血清還待研究。很多名人靠羅氏鮮（Xenical）排油，但會造成大便失禁，適合愛吃炸雞和高脂肪的人食用，若過胖太有效果，它是腸道脂肪分解酵素的抑制劑，排油的同時也會阻止腸道吸收維生素，讓腸道失去功能。諾美婷（Reductil）因在義大利、香港有猝死案例，台灣已停用，食用時會降低食慾、增加飽足感、因亢奮而增進新陳代謝，副作用是口乾、便秘、失眠、嚴重心悸、血壓升高的危險。

奈奈小提醒

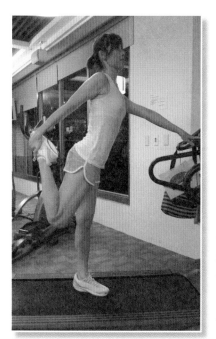

　　我們不必用明星的方法減肥，但可以用明星的規格去實踐！

　　這世界上減肥最有毅力、最傳奇的都是明星或明星之卵（瘦了都有機會變明星），他們知道只要拚了命，一生就有可能改變。運動時請想像自己即將出道，你必須當自己的魔鬼經紀人，在想放棄或破功的時候激勵自己，痛罵也可以！想像下個月就要開演唱會，要密集進行體力和肺活量訓練，歌迷都在等你以最佳狀態出現，戴耳機上跑步機，聽自己設定的舞曲，跑得好來勁！「快張開你的嘴 OA～OA！再不管你是誰 OA～OA，人生都太短暫，別想、別怕、別後退，現在就是永遠，OA～OA

（圖片引自網路）

對著鏡子練啞鈴時，想像自己是維多利亞祕密天使（要入戲一點，為了入戲我還買了維多利亞的祕密 SUPER MODEL 坦克背心運動時穿），時時鞭策自己：「加油！不要輸給 Miranda kerr！」（入戲啊！）

歐美大牌藝人和超級模特兒都有私人健身教練，走秀前 2 個月便嚴格控制飲實、密集肌肉訓練，平常也有固定健身的習慣，走秀時才會呈現充滿肌肉線條的健康美，超誘人！練肌肉瘦身速度加倍，非常值得！不要害怕練出大塊肌，因為女性荷爾蒙不會帶來這種效果，但絕對會出現意想不到的美麗線條，改變的不是體重，是身型。

成果報告

密集運動 3 個月（快走＋健身操、按摩加改變坐姿站姿，實際運動天數 49 天），持續密集的運動 3 個月後，狂瘦 5 公斤，以前穿不下的褲子都鬆到讓我好開心。這 5 公斤不只減掉脂肪，還長出無氧運動鍛鍊出來的肌肉，肩膀線條變得很漂亮，腰背肉消失，不再駝背！

屁股小 3 吋（39 吋 → 36 吋），大腿瘦 10 公分，塞進小我兩碼的 CPU 褲子裡。屁股小了，難減的腰腹還要努力！

美體日誌十三

平時顧好脊椎和肩胛骨，決定不再駝背就是激瘦的開始！

運動一個月，Ryan 約我去整骨，說是一個值得信任的老師，有口碑。這是我人生第一次整骨，其實我也不知道是不是必要，但秉持著人家約我就去試試（當作老天給我的暗示，雖然很怕被折斷）。

老師先檢查我的脊椎。因為長期坐姿、睡姿不良，脊椎卡住壓到某些神經導致昏昏欲睡、雙腿無力云云，我沒記清楚。老師用手壓住我的腿，請我把左腿用力抬起，我竟無能為力。後來就在一陣談笑間，我被咖咖咖咖咖咖，喬了骨頭，過程不到幾分鐘，老師再次壓我的腿，請我把左腿抬起，哇！我竟然抬得起來！跟剛剛判若兩人。

我意識到該好好照顧我的脊椎，任何運動或姿勢都要小心謹慎。睡覺

的時候不再側睡、不再翹腳、左右交換也不要、不再盤腿、不再駝背。隨時伸展我的各節脊椎和後腰還有肩胛骨，做些操讓它們恢復原來的位置。

決定不再駝背後，改變我的生活習慣好大好大，走路的習慣改變、坐姿的習慣改變、運動的習慣改變，連帶大便的習慣也改變！如果你暫時還沒有任何運動和節食計畫，請從改變正確的姿勢開始吧！

新姿勢養成運動：

1. 早上醒來，把枕頭墊高放腰臀部，伸展你的脊椎。
   既可以趕走睡神，還可以恢復一下長時間睡姿的壓迫，順便鍛鍊背部肌肉。除此之外，隨時拉筋也是很好的方法。前凹、後仰、左彎、右彎都是默默鍛鍊肌肉的好習慣。

2. 戒掉側睡和趴睡。
   睡姿會影響骨骼筋肉，側睡或趴睡都對身體不好。現在我特別注意睡姿，盡量乖乖大字形的睡。有時我會把枕頭移下面，給肩膀或背部睡，這個睡姿也會伸展身體，保持睡姿不會亂歪斜，也不會落枕閃到腰。偶爾也會把枕頭放在腰部休息一下。

3. 貼緊牆壁調整姿勢，感受何謂抬頭挺胸？
   有一招，不管是奇蹟美女改造法還是明星們的瘦身秘訣都揭露過，挺胸貼壁站一小時，光這樣就可以慢慢瘦、持續瘦，尤其飯後更有效！

   這招是矯正姿勢用的。只要貼壁站，感受一下自己的後腦勺、肩胛骨、臀部和小腿肚和後腳跟 5 個點微微碰到牆壁，慢慢調整，光站著，妳就在鍛鍊肌肉。1 小時的吸氣、吐氣（也要用力 hold 住小腹），就在按摩你的內臟。1 小時很長，記得不要放鬆，放鬆馬上破功。

通常我會利用這一小時看韓劇。貼壁貼習慣後，我已經可以掌握抬頭挺胸的秘訣。

4. 隨時隨地挺胸，趕走背部和腹部的脂肪怪獸。

日本開設走路瘦身教室的長坂靖子老師說：「我所倡導的肩胛骨減肥法，是以日常生活中任何人都可以達成的動作為基礎，同時結合姿勢和走路，已不需要勉強自己的基本動作就能輕鬆鍛鍊肌肉。」這句話讓我受用無窮。

肥胖的惡性循環就是：

駝背 → 肌肉退化 → 脂肪攻佔 → 脂肪堆積

→ 越來越厚、挺不起胸 → 更加駝背

放鬆緊繃的肩胛骨和肩膀，姿勢自然就會正確，以正確的姿勢坐著或走路，贅肉絕對沒有藏身之處。

坐著的時候，挺直腰桿、拉長肚臍，肩膀往後縮，給腸子多點空間，消化自然順暢，脂肪也不會堆積在腹部。

走路的時候，肩膀一樣往後縮，手肘往後自然擺動，背部肌肉不斷被活動，記得腹部也要用力。行進中腳步加快，你就在鍛鍊肌肉。挺胸也會延展腹部肌肉，你試著現在就挺胸、肩胛骨往後縮，下巴微微抬起，這時候你的肚子應該正在延展。

平常出門穿 MBT 健體鞋

常常忘記挺胸走路姿勢的人可以穿 MBT 健體鞋來幫助矯正姿勢，這是瑞士工程師設計的鞋，永遠後腳跟先著地，邊走邊運動，越走越瘦。

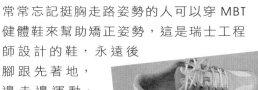

快走運動時穿 MBT 運動鞋

BACKPAIN? Take 2 MBTs daily

without MBTs　　with MBTs

（圖片引自官網）

5. 貓步（cat walk）走秀瘦身法：

走路姿勢漂亮，背影就是個美女。千萬不要腳底拖著地走（平底鞋、拖鞋最易如此），看起來懶散、姿勢又難看。抬頭挺胸走路，記得夾緊臀部縮小腹，注意前膝保持直線往前提起，每一步都要後腳跟先著地，走路時隨時感受一下臀上肌、大腿前後肌在用力，這樣才對喔！一次鍛鍊好多處的肌肉（沒人看的時候我會用手摸著我的屁股，用力集中在下臀才會邊走邊提臀）。

這半年來，我都以走秀的姿態在家裡和街上「健身」，趕捷運或高鐵也一樣。不小心會被眼尖的網友發現在捷運「走秀」其實是「健身」的貴婦奈奈，氣場超強！有時跟朋友約會，朋友就坐在位置上跟我招手，我因為太耽溺於健身，常瞎眼走過頭，抱歉抱歉。

美體日誌十四

＜奇蹟美女改造王＞的減肥密技分享

這是減肥圈內人必看的一個節目，節目的賣點是海選來自日本各地的百斤小姐，將她們如何發胖、為何想改變？一直到減肥成功的來龍去脈拍成勵志影片。

　　每個百斤小姐發胖的原因不同，有的是因暴力陰影、有的被排擠、有的失去愛、有的失去夢想、有的對人生無望，對毫無目標的生活感到空虛，只有吃是自己可以操控的，於是藉由吃的過程得到滿足和安全感，像是回到嬰兒期，用最原始的方式安慰自己。

　　她們原本的體質都不是嬌小纖瘦型，是正常健康的體重範圍，約 55～65 公斤，這些人大部分獨居，感覺焦慮或恐懼時便不自覺大吃。焦慮的時候想吃的東西絕對不會是健康食品，一定是油炸物、燒烤類和巧克力餅乾蛋糕等甜食，吃了會讓人短暫感覺快樂的食物！（因為刺激的口感　提醒存在感，甜食的外表讓人覺得被寵愛）

　　有位百斤小姐的生活型態是這樣的：早上 7 點男友出門工作 (這個百斤小姐倒是有個男友)，窗簾很暗，根本分不清天亮了沒？她繼續睡到 11 點自然醒，醒來沒有先打開窗簾，而是先打開電腦上網、打電動、開始吃零食，一邊吃一邊打，鍵盤和滑鼠又髒又油膩。因為房間很小，電腦距離廚房和床只有 1、2 步的距離，基本上也不用怎麼移動。

　　電動打到下午 2 點眼睛痠，又回到床上去睡，4 點起來煮飯給自己吃，在她最愛的白飯擠上薑泥再倒入柑橘味油醋，大碗公的碳水化合物，沒有青菜也沒有其他維生素、纖維質。晚上 9 點，男友下班回家，便一起吃炸雞，吃得比男友還多。一整天都穿著睡衣待在狹窄的空間，哪裡也沒去，吃完宵夜熄燈睡覺，一天就這樣過去。

　　這種生活方式體重飛快飆升，一旦超過 80 公斤，要衝到 100 公斤就非常簡單。接下來只有二條路可走：一個是減重、一個是繼續吃胖……輕鬆簡單的路大多走向毀滅。

　　這些百斤小姐每天吃進 10,000～30,000 卡不等，凌虐自己的身體。直到肥胖帶來太多不便。最嚴重的個案，她的器官已經無法負荷，壽命頂多只能活 5 年！

想減肥的動機各不同，有的想重新做人、有的想讓外遇的老公重新愛上自己、有的想讓失去熱情的男友再讚她一次漂亮、有的想穿上夢想中的婚紗、有的想找回那個小於二分之一的自己……

整理所有〈奇蹟美女改造王〉所使用過的減肥技巧：

1. 第一步永遠先改善飲食。百斤小姐已經胖到沒有飽足感也沒有瘦體素。一定要先改變她們的飲食結構，開始以綠色蔬菜取代炸雞、麵包（有個個案甚至買了一台新冰箱，專門裝蔬菜）。
2. 不能吃任何零食。
3. 吃自己做的健康料理：蒟蒻代替麵食和零食、在飲食中加入醋、多吃海藻類。
4. 量身訂做各種運動：因為太胖能做的運動有限，有人快走 1 小時、有人在水中行走 1 小時。
5. 去美容中心按摩推脂，好多人七手八腳揉推她們的脂肪。
6. 閉關獨居一個月，專注運動和飲食。

百斤小姐最有名的是常盤惠里香，超重 195 公斤。當她體重慢慢降到 100 公斤希望進展到理想的 65 公斤時，**她的運動策略改為：**

1. 加入有氧拳擊。
2. 持續游泳。
3. 飲食以蔬菜、海藻類為主。
4. 持續到美容中心的按摩。

後來一度遇到撞牆期甚至復胖，原來是因為常盤小姐沒吃澱粉、肌肉減少，所以造成基礎代謝下降。（**公斤數減太快本來就容易因為基礎代謝改變而遭遇停滯期，這是正常現象**）

後期再改變飲食策略，開始吃澱粉、並且增加肌力訓練，最後減肥成功！再透過外科手術消除皺皮及妊娠紋。

瘦身不是一招到底，通常得慢慢調整。遇到瓶頸得改變招式，運動膩了就改成飲食控制，多管齊下才是長久之計。

祇園藝妓瘦身法：這是我現在常模仿的一招。

餐餐美食、不運動又能維持身材的藝妓，保持身材的妙方真的好簡單：

1. 木屐：

    穿上木屐走路，腳趾必須用力往下壓，小腿也會用力，讓小腿肌肉結實，為了保持平衡，還會刺激全身肌肉用力。平常穿著木屐在家做家事或穿著木屐爬樓梯，運動效果加倍！

2. 和服腰帶：

    藝妓腰部的和服腰帶可以讓腸胃維持在正常位置，利用壓迫感按摩腸胃、幫助腸胃蠕動，因為綁著緊緊的腰帶，也不會因此吃太多。

3. 套餐分食法：

    將原本一餐要吃的份量，分成 3 等份，於早中晚完食。即使吃了高熱量的食物也被分化了。

我延伸木屐和和服綁帶的瘦身效果，外出 MBT 健體鞋，腳底如船型的設計，持續使用前大腿肌和後大腿肌。在家就穿類似船形設計的美體鞋（手創館或日貨小舖都有賣）

坐著寫稿的時候，腰部會綁上彈力束腰帶（藥局、美妝店或手創館都有賣）幫忙支撐腰桿、減低食慾和增進飽足感。

彈力束腰帶

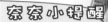
優雅氣質的站姿、走姿和坐姿是無人可以奪走的資產！再美的女人都可能毀在彎腰駝背、懶散、難看的姿勢上。不改變你的姿勢，永遠不會有氣勢！看看偶像劇女主角，絕不可能彎腰駝背的！

美體日誌十五

絕不帶賽：不吃不動又不想當胖子，至少要很會大便

我以前雖不熱衷減肥，因為少吃多運動兩樣我都做不到，只好熱衷研究其他旁門左道，比如：如何把便便請出來的方法。

奧地利名醫馬爾耶醫師的健康理論非常強調消化系統，只要便便順，健康也跟著順。有次看電視節目介紹巴布亞紐幾內亞人的生活飲食，整段節目我只劃到這個重點：巴人每天大 1 公斤的便便。從那時起我就期許自己跟上那樣的水準。巴布亞紐幾內亞的主食是樹薯，相當高纖，所以他們的腸道總是清潔溜溜。

大便在我心中的地位，崇高到沒有其他東西可以跟它抗衡。上課中有便意會立馬衝出去！唯一不能中途落跑去大便的時候就是演講，不過截至目前為止還沒出現演講中想大便的經驗，當然一早就清乾淨啊！重要時刻不能帶賽。

便秘會讓人加速老化，一定要認真看待這件事。生活上的某些習慣是造成便秘的主要原因，便秘也反映我們的壓力和不健康的飲食生活。

2008 年初大規模的全身健檢後發現：天天排便的我竟然也宿便纏身，還挺嚴重，腸內絨毛被宿便擠到站不起來！（腸子已是臭水溝）

醫生說：「妳平常排出的糞便應該是幾天前或更久之前，宿便可能跟習慣有關，長時間久坐或吃完飯還繼續坐著，腸子較少蠕動，如果妳的坐姿不良或駝背，腸子就更難消化。吃太多肉，沒有足夠青菜，再加上沒運動，喝太少水，腸子就開始累積宿便。」醫生說的全中！

青春的肉體新陳代謝快，腸子年輕有為，叫它蠕動就蠕動。中女時代最早出現的狀況便是腸問題，這得好好想個辦法解決，要不然已有肥胖基因，又沒有吃不胖體質，最後腸子還罷工，也只能在臉上寫一個慘字啊！

認真研究後，我的人生決定加入**徹底清除大便的 13 個新習慣**。這幾個習慣也是瘦身的祕方！（有了這些好習慣就不必吃便秘藥或合成酵素傷了肝腎腸胃）

（1）早上起床先喝一、兩杯溫水（蜂蜜檸檬水最好）

我以前總會忘記早起喝水，現在一起床就先餵自己一杯蜂蜜檸檬水（營養酵素全吸收，還能降低脂肪形成）。接著吃水果和早餐，通常吃完沒多久就有感覺，一定要馬上蹲廁所做大事（這些除了代謝順，還能有效阻止脂肪形成）。

（2）大便前後都要喝水

大便前要喝水、大便後也要喝水，洗腸子總是要有水嘛！台灣人普遍不愛喝水，我身邊最親的朋友們也常忘記喝水，以為喝茶咖啡果汁飲料就等於補充水分。很多疾病和肥胖都是因為喝水太少！白開水和其他飲料功能完全不同！其他飲料會利尿，需要腎代謝、增加腎臟負擔！但是白開水可以增加體內循環、促進代謝，又不會增加身體負擔。人體 70% 是水，多喝水身體器官就會精神百倍，充滿能量。

（3）單純抬腿至少 5 分鐘

大腿和小腿呈 90 度，
腰和大腿也呈 90 度。

躺在地上或床上，將腿曲膝，小腿與大腿呈 90 度、大腿與身體呈 90 度，像一個垂直的 Z 字形，用腹部的力量 Hold 住。可以慢慢增加時間，1 分鐘、3 分鐘、5 分鐘、10 分鐘。
做的時候明顯感覺下半身血液循環加速奔馳，原本滯留下半身的血液可以回流至身體各器官，腸胃也會跟著蠕動，加速新陳代謝。這招很厲害！還能練臀肌、腿肌和腹肌，還能增加血液循環。抬腿前後都得多喝水。

（4）沒便意的時候就蹲著
蹲著看電視、看書，很快就會有便意。

（5）順時鐘按摩肚臍周圍
早上起床，伸完懶腰，我便開始按摩肚子，呼叫腸子處理一下昨夜的便便。平常蹲馬桶，我也會順手按摩肚臍四周。

只要坐著、站著或躺著都可以按，先用手指深深往肚臍下方的腹部按下去，停留一下，感受肚子裡抽動的血液循環，接著用手指繞著肚臍四周以順時鐘方向繞圈推拿下腹部。

力道要夠強，按得要夠深，按到有點痛，不是隨便抹 2～3 下，至少要繞個 30～40 圈，才能刺激腸子排便。

2011 年末，開始快走和健身操運動後，排便次數變多。

（6）運動絕對是解決便秘的王道
勤做下半身的扭腰擺臀運動，做到一半總會打嗝或放屁。可以感受腸子活躍的蠕動著！

（7）勤做腸子運動，也是瘦下半身運動

　　1.吸氣縮腹、吐氣放鬆，重複 20～30 次。

　　2.半蹲用屁股畫圓（想像地上有一個圓，用屁股描出圓周），
　　　小腹用力。

　　3.多做臀部 8 字運動（想像地上有一個 ∞，用屁股描出這個圖
　　　像），小腹用力。

活動 2 ～ 3 首歌的時間，很快就會打嗝或排氣。

2012 年初，開始調整飲食，吃了一個月激瘦料理後，除了排便次數變多，還養出不沾紙的漂亮便便。

（8）多吃有效幫助排毒、排泄的食物（水果、地瓜）
　　這半年來，我早餐先吃水果（不與食物混吃），半小時後吃蒸地瓜（高纖維，應該可比樹薯，下午代謝變慢，盡量別吃地瓜），平常吃飯配菜多吃金針菇和黑木耳，還有大量綠色蔬菜。

　　目前成績：1 天 3 次（早中晚，每次量都不少），滑順的要命。極品的糞便兩端稍圓、表面平滑、沒有臭味（幾乎沒有味道，我前後差異很大，感受更強），完全不沾黏，衛生紙好潔白，沒騙你，超乾淨的衛生紙！（很想分享給你看啊）！

（9）早餐輕食立食，三餐飯後站立一小時
　　日本座位較少的居酒屋，客人常圍繞著吧檯立食。我家也有個吧檯，吃早餐的時候我都站著，中餐、晚餐便在餐桌邊坐著吃。

　　吃完飯我會站著看電視、站著燙衣服、站著看書，或只是站著看遠方發呆。**如果要加強瘦身的效果，請背部靠牆，將頭頂、肩背、屁股和小腿四個點貼緊牆壁，抬頭挺胸站立一個小時，這有類似運動的效果。**

原來**站著不易胖，認真站還能大瘦特瘦。**我的好友 Ryan 離開朝九晚五的辦公桌生活做起服務業後，一天站著的時間差不多 5-6 小時（或更多），體重、腰圍直直落，才一個月褲子都 Hold 不住了。

（10）提醒自己，做大便的主人

對於大便這回事，我們不能被動的等著它要來不來，身為大便的主人，你一定要拿到主動權，養成你"叫腸子放大便，腸子不敢不放"的氣魄。

千萬不能放任自己不喝水又長時間久坐！如果你是那種過度專注工作捨不得上廁所的人、一開電腦就離不開椅子的人、像植物一樣種在固定位置上的人、吃東西習慣吃快、圖方便、重口味、又不愛喝水（飲料不算）的人……這些人下半身循環一定很差，腸子很難蠕動（若加上吹冷氣，更糟），多半都有便秘的問題，大便大得很辛苦還大不乾淨（痔瘡又是另一個嚴重的故事），大便沾黏、衛生紙總要用掉好幾張還是擦不乾淨，總是覺得屁眼癢癢辣辣的……（天啊！我怎麼知道這麼多？！我不好意思說）

請千萬一定要記得定時起來動一動，呼叫大便，要它乖乖聽話。

（11）調整固定的大便時間

按照生理器官時鐘看來，早上 7 點大便最好。早點起床喝完水後花點時間蹲大便，一開始要養成早上大便習慣一定會和身體拉扯，不會第一次就上手，大概要拉扯個幾次，但你一定要在固定時間坐上馬桶，堅持再堅持，即使一開始沒便意也不要放棄。大便會看人臉色，如果你三二下就放棄，它就會看準你的弱點，吃定你！

堅持絕對可以養成一個新習慣，運動也是一樣的道理。如果不打定主意、下定決心挪出 10 分鐘跟大便抗戰，那就……繼續便秘吧！

（12）尋找私密的大便空間

有些人無法正常大便的原因是：廁所不乾淨或外面大排長龍（當兵或學生），或活動行程時間太緊湊、壓力太大上不出來。

到一個新環境，我會先尋找私密的大便空間。這是我的習慣。我不是想大便才找廁所，而是時間一到就逼自己去大便，一定要找一個安全、乾淨又沒壓力的空間。

學生時期我喜歡找偏僻的教室上廁所，通常是體育館。人多的教室廁所雖然也多，但排隊的人更多，這時候大便怎麼好意思？在百貨公司我也習慣上高樓層找廁所。

要是上班的地方廁所很髒，那就到附近餐廳、星巴克或其他大樓繞繞吧，一定可以找到做大事的秘密基地。

當然如果大便來得快，就不必這麼麻煩囉。

（13）注意大便姿勢

馬桶不能太高也不能太低，保持膝蓋彎曲呈 90 度直角。如果太高請記得墊個小椅子，我家裝了免治馬桶後，馬桶位置稍微高，所以我準備一個小凳子墊腳。

我的姿勢一開始會有些蠕動，腳抬稍微高一點，身體前傾後仰，有時還會超用力的按壓肚臍四周。便意來的時候我便坐直，恭迎它下來。

以前便秘的時候有好多時間看書，現在書還沒打開就上完了。

懶人必學的一技之長：按摩、抬腿、敲膽經

不運動、不節食，又懶的人（以前我是），一定要有一技之長，不然也要懂得請別人幫忙。（按摩時，請記得抹乳液，以免皮膚受傷）

（1）按摩：無時無刻、隨時隨地

我熱愛按摩，大部分的時候自己揉捏，有時請推拿師傅幫忙。

我家處處都有乳液，書桌一罐、沙發茶几下一罐、浴室一罐、房間一罐、更衣間一罐，走到哪乳液就在哪，隨時塗抹手臂、胸部、腰部和臀部，緊實這些部位的皮膚，補充光澤，休息時候便坐在沙發上或床上，推拿按摩大小腿外側的膽經和大小腿內側的脾、腎、肝經，還有小腿後方的膀胱經，幫他們消除疲勞。

就算坐著看電視，我也不會閒著，一定動手動腳開始推拿手臂、搥打大小腿內外側。通常一搥就會上癮，停不下來，使勁推捏揉擰大腿內外側，心裡默唸：軟趴趴的贅肉快點消失、硬梆梆的筋塊速速散去！

手痠的話我就拿工具刮痧，勤刮手臂和大腿內外側。內側由下往上推，外側由上往下推。

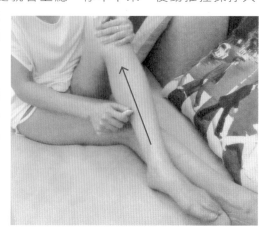

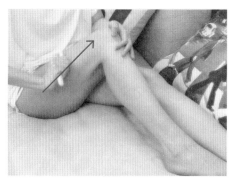 

（2）抬腿：每晚把腳垂直放在牆 15 分鐘

　　這個動作我每天做。懶人如我，不想流汗也不想多動，這招安安靜靜、不喘不累，卻可以加速循環，非做不可。

高中時，我在少女雜誌讀到：抬高雙腿能變得更直、更長、消水腫、預防靜脈曲張。往後我便很積極勤奮的做。後來搬家，床的位置不靠牆壁，停擺好幾年（2007 年～2010 年）。

2010 年底又開始連續做，如果那天感覺雙腿特別疲累，就自動延長抬腿時間。運動後血液容易堆積在大小腿，一定要做些緩和動作讓它回流才能消耗乳酸。除了直直的擺上牆外，我還會把雙腿打開，拉拉大腿內側的筋。

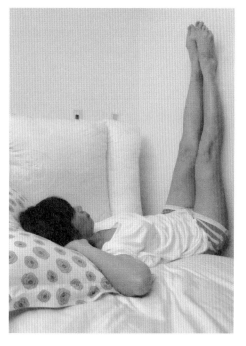

　　剛開始抬腿 5 分鐘就會開始麻，但這種麻很爽，如果不習慣這種酥麻感，可以循序漸進，第一天 5 分鐘，第二天 10 分鐘，第三天 15 分鐘，按照自己的速度。我現在一次抬腿可撐 20 分鐘，記得最好一次別超過 30 分鐘。

（3）敲膽經要每日快狠準！

按摩大腿外側時爽痛爽痛，眉頭微皺。師傅說那條是膽經，熬夜、代謝、氣血不好的人會比較痛（明顯就是我），多按、多搥可以幫助循環暢通。下半身肥胖的人多少都有上面那些症狀，多按、多推、多敲膽經可以解決下半身脂肪堆積、代謝不好、水腫等問題。

徒手敲大腿外側的聲音有點嚇人，所以我盡量一個人在家的時候或待在房裡做（很有禮貌，怕打擾另一半）。如果在外面忍不住想做，就找個隱密的地方，速打50下後快閃。

大學時曾靠不間斷地敲打、推拿，把大腿硬是捏瘦3公分，從53公分捏到50公分。敲的時候有些訣竅要注意：

1. **找出位置。**大腿外側偏下方有幾個位置，稍微一敲就很痛，那是膽經的位置。找到這幾個點就可以開始敲，由大腿往膝蓋敲，速度維持1秒2下或更快更強，力道要狠，一次最少50下，慢慢進步到100下、150下……（亂敲都敲得到）。

2. **站著兩腳打開與肩同寬，兩手自然垂放就可以開始敲。**

最好的方式讓腳與地面呈90度，可以坐在椅子上敲（坐馬桶也可以敲），或把腿抬放在椅子上敲，依照自己習慣或方便的姿勢就可以開始敲。

3. **快快敲，頻率約每秒 2 下**，瘦下來的關鍵是快快敲、天天敲，持續三個月以上。敲久了，手臂也會跟著瘦！

4. **每個人身體狀況不同、耐痛程度也不同**，有人用拳頭捶，有人合掌空心拍，怕痛的人可以用推的（嬰兒也可以輕輕按摩），由上往下推，由屁股方向往膝蓋推。

不管靜態或動態運動，一定都要**循序漸進，持之以恆**。第一次不必敲太久，只要認真、確實、用力、快敲 50 下，再慢慢進階到 100 下、200 下都可以。

胖的時候敲膽經又累又喘，所以我選擇用推的方式，天天推膽經，所以再怎麼胖，腿部線條還是很纖細。

成果報告

運動第 4 個月開始，我不再那麼密集和長時間的運動，改成每週有氧運動 20 ～ 30 分鐘，無氧啞鈴 10~15 分鐘，拉筋 5~10 分鐘，按摩腹部、臀部、小腿和手臂 10 分鐘。其他靠日常生活的活動（抬頭挺胸、縮小腹等）維持身材。

我對自己身材還不太滿意，皮膚不夠緊實，肚腩還在（好難消），如果不用其他方法減掉腹部脂肪，進步的空間有限。

我開始看醫療和食品營養的書，發現所有書籍都把減重或疾病預防的重點放在消化系統上，這得從飲食開始調整。

減肥強調健康的飲食習慣，

不是絕食抗議，想清楚再開始！

Think before you act. You are on a diet, not going on a hunger strike. It's all about keeping a healthy eating habit.

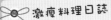

CHAPTER
04

自創激瘦料理

越吃越瘦好驚人！

　　我決定大整頓我的三餐。想起六年前吃過的減肥餐，結構頗符合健康的飲食分類，於是再把它翻出來徹底研究。

　　除了吃之外，一定要補充人體最重要的一個營養素：水。

 激瘦料理日誌一

那些我們以為會胖的食物，其實是幫我們減肥的大功臣

　　回顧分析榮總三日減肥餐解碼出減肥秘密，完全符合人體每天所需的食物類型：穀物澱粉、核果、豆類、奶、蛋、肉、水果、蔬菜，也擁有人體所需的鈣質（**起士**、**優格**）和五大營養素：碳水化合物（**吐司**）、油脂（**花生醬**）、蛋白質（**肉類**）、維生素（**水果**）、纖維素（**蔬菜**）全濃縮在這份少量、低卡的菜單裡！水果食用時間的安排也很恰當：起床第一餐（空腹）時吃水果製造體內酵素、增加排泄、代謝和腸內好菌，不瘦才奇怪。

1. 優質澱粉增加基礎代謝，減緩老化

　　本以為吃麵包易胖，沒想到吐司營養成分好高，低熱量又好消化，難怪被放進減肥餐裡當澱粉類主食（**堅持低升糖飲食的人可吃全麥吐司和糙米**）。

　　我是澱粉控，最愛吃飯，如果減肥和澱粉必須二選一，真是逼死人！幸好研究發現，不吃澱粉反而容易越減越肥、變老、身體變差又變笨，才是真正逼死人！

　　白天不吃澱粉身體沒辦法工作，還會讓臉頰凹陷、胸部

縮水。澱粉（**醣類**）是身體能量的主要來源，肝腎腸胃需要醣當能源來運作，心臟（**幫浦**）才能傳輸供給身體能量，幫肌肉收縮、給肌膚代謝、排毒。醣也是腦部唯一營養素葡萄糖的來源，如果白天沒吃澱粉，容易疲勞、反應變慢，久了就真的腦殘了！

有個實驗把一糰飯粒放進冰箱凝固後，拿出來吸熱湯中的油渣，竟輕而易舉。煮湯不小心太鹹，用乾淨的白布包一團飯粒下鍋，可以輕鬆吸掉湯裡的鹽分。同理，米飯也會在體內吸收過多的鹽分和油脂，幫助去水腫、解脂肪，是正宗瘦身幫手。

白天多多攝取天然食物裡的高品質的澱粉最好！香蕉、蘋果、毛豆、玉米、山藥、地瓜、馬鈴薯、南瓜、全麥麵包、即食燕麥、糙米，不但營養又好吸收，這些是我常吃的澱粉，尤其是地瓜和山藥，積極減肥時晚餐偶爾不吃澱粉，現在已從白米改吃糙米、蕎麥麵、燕麥片、玉米粒或義大利麵，彈牙一點的義大利麵升醣指數較低。

澱粉每天攝取 50～100g 就夠了（約半碗飯，小口吃，細嚼慢嚥），千萬不要過量，過量又沒運動，還是會合成脂肪儲存、變肥。盡量少吃夾餡麵包，裡面有較多吃不消的奶油、酥油和其他加工品，偶爾吃很爽，太常吃就不妙。

2. 花生醬：實驗證明可以加強瘦身效果

美國賓州大學研究員發現：常吃花生醬的人，雖然攝取的卡路里稍微高一點，但並不會造成肥胖。

奈奈小提醒

有心血管疾病、跌打瘀青、膽囊切除者、消化不良者，不適合吃花生。

他們將體重過重的實驗者分成兩組，一組食用低卡路里食品（全麥麵包、蔬菜和水果）；一組則在低卡路里食品中加入花生醬。**18 個月後發現，加入花生醬的瘦身效果是前者的兩倍**。研究結果：把花生醬放進減肥餐中食用最好，剛好符合減重需求，既有人體所需的熱量、多重營養和飽足感，又不會發胖。

花生醬也可以改用其他堅果（腰果、花生、核桃、杏仁），我的營養師朋友馨芳提醒，兩小匙花生醬換成堅果類不要超過 10 顆。

3. 對減重有益的油脂來自：優質橄欖油、堅果、酪梨。

女人需要油脂，皮膚才有光澤，腸子也要好油才能潤滑、蠕動。去油過水的食物會讓腸子乾澀、無力，漸漸老化；腸子一老，外表也會跟著老。好品質的油會讓代謝事半功倍，一定要食用。

我愛油，最怕老乾扁，買了 3 種價格不便宜的好油：亞麻仁籽油、芥菜籽油、初榨橄欖油，3 種油的味道都不同。煮菜用芥菜籽油；做涼拌菜加 1 匙亞麻仁籽油或初榨橄欖油，拌入檸檬、鹽、糖、胡椒、魚露或醬油、黑醋或白醋；吃鳳梨也會淋上 1 匙橄欖油、撒一點紅辣椒粉，這是在置地文華東方的米其林餐廳 Amber 學來的。還不習慣吃油的人也可以每天吃 10 顆核果（杏仁、核桃），或 1 顆酪梨補充需要的油脂。（酪梨加蒜頭醬油或哇沙米醬油好吃！加布丁和牛奶打成果汁也非常好喝！）

身體該戒掉的是不好的油（反式脂肪），像麻辣鍋的辣油、炸薯條的牛油、鹽酥雞的沙拉油（**沙拉油一經油炸也會變成反式脂肪**）、還有廉價麵包使用的奶酥和奶精。

4. 冰淇淋：鈣質可調整體態又能減少脂肪增加

「減肥還可以吃冰淇淋？！好夢幻，一點也不辛苦！」這是我對榮總三日減肥餐的第一印象（也不要過量）。

美國《預防雜誌》（Prevention Magazine）曾推廣冰淇淋減肥，因為冰淇淋是新鮮鈣質的來源（可選擇高品質冰淇淋，少糖、純奶、多用蜂蜜製成）。減肥需要鈣質，鈣質可以減慢脂肪增加的速度（但不需要為了瘦身而多吃鈣片，食物就有人體需要的量，吃多代謝不掉還易結石）。

1999 年普度大學研究高鈣飲食（起士、牛奶）18~31 歲的婦女，體脂肪增加的速度比較慢。

鈣質除了可以**減慢脂肪增加速度**，還可以幫助挺直身型軀幹，懶得動的人只要注意平時走路抬頭挺胸，坐著和站著也要抬頭挺胸、肩膀往後縮，這動作會拉長和延展你的腹部肌肉，天天記得做，瘦得很快，若還想要腿又直又長，就要多吸收鈣。

冰淇淋、牛奶、優格、乳酪起士都有豐富的鈣質，替換吃比較不會膩，每 100 克牛奶約有 0.12~0.14 克鈣，是最易吸收鈣的途徑，**每日喝 240cc. 就足夠**，約半杯馬克杯的量，如果平常習慣喝拿鐵，加在咖啡裡的牛奶就夠了。

補充鈣、搭配水果更有效果，因為水果能讓鈣更有效利用。

5. 肉：補強肌肉，讓妳躺著也能瘦，千金難買一斤肌肉啊！

食物生熱效應：蛋白質 > 脂肪 > 碳水化合物，也就是說，蛋白質比脂肪和碳水化合物消耗身體更多熱量，吃肉能加速燃燒脂肪！

（1）蛋白質是製造肌肉來源。
常運動的人要多攝取蛋白質來幫助肌肉生長。

奈奈小提醒 ✨
植物性蛋白質最好（豆腐、納豆等），不建議吃高蛋白營養品，一來不夠天然，二來人體並不需要補充那麼多（只需要 23 克），就算要開演唱會也不需要這樣搞，運動後補充高纖豆漿或茶葉蛋就夠，也不易胖。

肌肉是好物，增加肌肉會提高基礎代謝率，提高基礎代謝率讓妳睡覺也能瘦！放心，女人一天花 10~20 分鐘的鍛鍊，肌肉絕不會變成健美先生或金剛芭比，而是會長出一些底層的彈性塑型肌，這些肌肉不但能支撐表皮讓皮膚變得光滑（真的會變光滑），還能幫忙托高屁股、調整身型（真的不一樣），妳完全不必仰賴那種兩側凸起、相當不舒服的美尻坐墊（早就丟了），美尻坐墊對滿身脂肪的胖子沒用，

對滿身肌肉的人也沒用。胖子坐久了還會產生心因性依賴，以為坐著就會瘦，只有滿身肌肉的人坐著才會瘦，要讓身體有瘦的本錢，就要多存一點肌肉本。

（2）優質蛋白質請選魚肉、水煮蛋或豆類（豆腐、納豆增加皮膚光澤）。
美女的好朋友是優質蛋白質（水煮蛋方便又營養）。注意任何肉類蒸煮的時間不要超過 15 分鐘，便能保存優質蛋白質，魚類含高蛋白及對心臟有益的脂肪酸，最好清蒸後用橄欖油和檸檬（或白醋）調味，吃生魚片也很好。

吃魚是瘦身的王道，有個吃魚超厲害的見證。雷諾茲（Steve Reynolds）是位牧師，他在聖經中抽絲剝繭發現減肥的秘密。

雷諾茲大學時是橄欖球校隊，受夠嚴苛的體能訓練，他發誓這輩子再也不運動，但隨著年紀增長，仍像運動員一樣大吃大喝，結果雷諾茲的體重、膽固醇跟血壓直線飆高。後來，他遵守《聖經》裡關於飲食的記載，在＜利未記＞第 11 章第 9 節中說到：「凡在水裡海裡河裡，有翅有鱗的，都可以吃。」蝦貝類和被視為不潔的豬肉，則是列為拒絕往來戶。

也許，宇宙天體有個原則，吃什麼對身體最好，早有安排。

我幾乎每晚吃魚，蒸煮方便又好吃，也開發了好幾種魚料理，吃了 4 個月，不再頻繁運動還繼續瘦，截稿前我已經瘦了 9 公斤，體脂肪從 32 降至 24(←少女)，體內年齡 24 歲，覺得身體清爽，連腦袋都變聰明了。

6. 香蕉：消水腫、增加皮膚光澤

我想知道三日減肥餐為何特別建議食用香蕉、葡萄、葡萄柚、蘋果這些水果？有些激進減肥派的減重教練就要學生們禁食香蕉和葡萄這兩種味道偏甜的水果。減肥菜單特別搭配這些水果一定有它的道理，我熱烈的 Google 關鍵字：香蕉＋營養、葡萄柚＋營養、哈密瓜＋營養……或香蕉 減肥、葡萄柚 減肥。

早上吃香蕉最好，香蕉含醣又含鉀，是優質澱粉來源，補充身體能量，代謝身體過多的鈉可消水腫（吃過鹹或過多零食）、讓皮膚有光澤，香甜可口又有飽足感，還能助排泄，焦慮的人吃香蕉可以減壓，有些運動員上場前會吃香蕉，減壓又可補充體力，絕對是運動減肥的最佳戰友。有黑點點的香蕉較營養，挑硬一點的香蕉升糖指數較少，澱粉也少些。

激瘦料理日誌二

38種越吃越瘦的激瘦食材，請放入日常採購飲食清單

減肥最怕天天吃同一種食物，就連榮總三日減肥餐也一樣，如果食物沒有變化，根本無法持久。因此我從各種營養書籍中歸納了38種越吃越瘦、越吃越省錢的食物，這些食物除了身體所需的各種豐富營養素，全都可以降脂、燃脂、消脂、去水腫、促進排毒代謝、幫助排便，這些食物全變成我每天吃的激瘦菜單中很重要的主角，買菜時多多採購這些食材，可以搭配出好多種美食料理，每日三餐好多變化。

澱粉類：
糙米、
燕麥

蛋白質：
牛奶、蛋、納豆
（從植物攝取蛋白質較好）

水果：
香蕉、葡萄柚、
奇異果、蘋果

其他：
蜂蜜、醋、
檸檬

豆類：
豆腐、紅豆、
綠豆、薏仁

蔬菜：
菠菜、花椰菜、四
季豆、西洋芹、紅
蘿蔔、白蘿蔔、蕃
茄、洋蔥、小黃瓜、
金針菇、黑木耳、
毛豆、海苔、海帶、
紫菜、九層塔、香
菜、辣椒、大蒜

水：

　　養成激瘦體質一定要多喝水！喝足 2,000cc ～ 2,400cc 的水（視需求而定），早上 3 杯（馬克杯一杯約 300cc）、下午 2 杯、晚上 1 杯，搭配食療火力全開。

茶和咖啡：

　　喝茶利尿、增加熱量消耗。有篇報導引用台大醫學院生化暨分子研究所林仁混教授的研究：茶葉中的茶多酚可以抑制癌細胞增生作用與發炎反應，還可以減少細胞中脂肪酸合成。也就是說，喝茶兼具抗癌與瘦身的作用。林教授建議喝茶最好不應加糖，每日必須 10 杯以上才有明顯的保健功能。

　　茶葉高溫沖泡後，助燃、養瘦的咖啡鹼和兒茶素才會溶出，冷泡茶只是好喝不能去油脂。也別將茶葉熬煮或泡太久，這樣單寧酸容易跑出來，變得過澀過苦不好喝，還容易和食物中的蛋白質與鐵凝結成塊，使營養不易吸收，容易反胃。

　　不過要小心，空腹別喝茶，也別喝隔夜茶。

　　小心別買到糖水合成的黑心蜂蜜，假蜂蜜只有甜味沒有酸，呈透明狀。真蜂蜜手指放在玻璃瓶後看不清手指，有些氣泡，口味香甜微酸。

　　糙米、燕麥、水、茶、奶、蛋和其他綠色蔬菜的激瘦事蹟前面已提過。

　　海帶是瘦身、排毒第一名要多吃的好物，營養豐富，能瘦下半身、燃燒脂肪、提高代謝、抑制食欲、降低膽固醇。想吃零食的時候可以選擇吃高纖低熱量的海苔，還有豐富的 B 群，超市可買到很方便的各種海苔、昆布絲、羊栖菜。煮味噌湯最方便，也可燙熟涼拌。

　　不加糖才有效果。我喝任何飲料，不管喝茶、咖啡或果汁，冰或熱，從不加糖。加糖讓嘴巴有怪味道（臭），感覺不舒服（會臭很久），只要有一點點糖，我就不喝（嘴會臭），所以我不喝調好味的紅茶或奶茶。

　　蜂蜜和檸檬都是對身體非常有益的食物。蜂蜜更是厲害，唯一百年不壞的食品。

海帶芽是沖繩人長壽的秘訣，吃飯喝湯可以增加飽足感，多煮些蔬菜海帶芽豆腐湯、紫菜蛋花湯或味噌海帶芽湯。也可將海帶芽泡開後做成涼拌菜。

小黃瓜是抗老、減重、美容聖品，可以去水腫、抗氧化、降血糖、降血脂，可抑制醣類轉變為脂肪，纖維素也非常多，能輕鬆排除腸道內腐敗的毒素。

綠花椰菜、四季豆營養成分最高，水滾後稍為燙過作成涼拌菜，營養才不易流失。食用 100g 花椰菜，一天所需的維他命 C 供應就夠，很難找到可以跟花椰菜披敵的綠色蔬菜。菠菜對女人最好，鐵質高，連離心臟較遠的小腿都能吸收到養分，又加速血液循環、促進代謝，特別能瘦腿。西洋芹也是消下半身水腫和排毒的好食材，這些菜都能越吃越瘦。

白蘿蔔熱量好低，可降血脂、血壓，還可幫助分解脂肪，促進代謝，增加腸道益菌繁殖，改善便秘。作成泡菜生食最好。

洋蔥是很神奇的蔬菜，生食嗆，熟食甜，可以促進排便、分解脂肪，還能強健骨骼、預防骨質疏鬆、降血糖，是養成激瘦體質的厲害蔬菜！我超愛吃洋蔥，要不是常常吃、時時吃，照我這種大食怪吃法，早超過上百斤！

毛豆營養價值高，又含豐富植物雌激素，對女人好重要（豆類豐富的荷爾蒙也是抗老、迷人的關鍵，多吃豆類、根莖類，像是納豆、紅蘿蔔、馬鈴薯、大蒜、蘋果）！可加速代謝脂肪，降血壓和膽固醇，幫助大腦發育，還有豐富食物纖維能改善便秘，氣色好，皮膚質感也好，心情更好。

黑木耳膠質多，促進血液循環，跟金針菇一樣都能幫助脂肪代謝和排便，吃再多也不怕胖，兩個都是會讓下半身輕盈的好食物。

燕麥、薏仁也很棒！除了排水腫、代謝脂肪和排便，還能縮小毛孔、美白淡斑，抗腫瘤、降血脂、降血糖。買包即時大燕麥片（超市、便利商店、大賣場都有）當早餐或點心最好！甚至加入牛奶、拿鐵裡用吸管喝，有嚼勁、有口感。

九層塔、蔥、大蒜、辣椒、洋蔥這些都是越吃越瘦的食材，每餐加些檸檬、小桔子、蔥、大蒜、生辣椒這些天然香料，提味好消化還能養成排毒的易瘦體質（大蒜、洋蔥多能提高免疫系統、降脂、生薑促進腸胃蠕動還能解毒）。

這些辛香料營養豐富，能溫熱身體、加強血液循環、排汗、代謝、降低膽固醇，加強肝臟排毒、加強脂肪分解、美白、抗老、抗氧化、紓解疲勞、飽足感⋯⋯寫到我手痠，好處多到寫不完。

蕃茄是非常好的抗癌、減重、美容聖品，搭配澱粉可以降低血糖，形成不易胖的體質，搭配油脂還能吸收多餘脂肪又能防止便秘。日本的河田教授的研究也發現蕃茄能有效減少約 30% 內臟脂肪，這篇研究發表於《公共科學圖書館期刊》（PLoS ONE）。蕃茄煮湯或做菜的時候記得要燙過去皮去籽，才不會變苦變酸難消化。蕃茄皮也有高營養，但易卡腸子，做成蕃茄汁不錯，用調理機把皮打碎就不會卡住。

 激瘦料理日誌三

激瘦需要天然食物中的維生素和纖維素

我的減重專家朋友林頌凱醫師提醒：「澱粉（碳水化合物）是熱量代謝所需最基本的營養素；而維生素群、礦物質群則是輔助代謝所需營養素。」

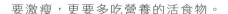

要激瘦，更要多吃營養的活食物。

每天吃有豐富維生素、礦物質和纖維素的食材，可加速身體的代謝循環，蔬菜水果這些食物酵素可以幫助消化和代謝，慢慢在腸內生成好菌，養成激瘦體質。

人體內有消化酵素和代謝酵素，這兩者互為消長。如果你狼吞虎嚥又吃多加工食品，就會消耗太多消化酵素來消化你的食物，代謝酵素的量就減少，於是便很難代謝廢物、減掉脂肪。多吃蔬菜水果可以增加食物酵素，讓消化和代謝一併加速。

營養對減肥來說好重要，天然食物中的營養素最好、最足（食物就是最天然的救命藥）。以前外食、暴食（大多火鍋、燒肉、餃類）擔心營養不均衡（根本沒吃水果和蔬菜），便吃維他命 B 群和 C 這兩種較易代謝的補給品（多吃身體也無法吸收）。生病吃藥不能吃水果時，會補充一天一顆維他命 B 群和 C，病癒後便不再吃，盡量以攝取天然食物為主。

我喜歡從天然食物補充酵素和營養。靠食物就能吃進身體需要的維生素、礦物質、纖維素甚至其他微量元素，三餐的量就足夠，真的不需要額外補來補去那些身體用不完的東西。除非你是太空人，靠太空食物度日。不過人家太空人是不得已的，我們在凡間有什麼不得已？

市面上好多知名（你可能吃過或聽過）的酵素或維他命都是化學合成，並非天然蔬果原料（去年塑化劑事件讓好多黑心酵素現出原形），30 歲後，肝、腎走下坡，吃太多化學合成的維他命一定傷肝、腎。

在香港，有位媽媽為了給小孩補眼睛，每天讓小孩吞魚肝油，結果發育受影響還出現肝硬化。台灣也有一個小女孩為了長高天天吃 5、6 片鈣片，結果發現輕微血尿，腎臟有 0.7 公分結石，推論是鈣片吃太多造成的高鈣血症。

美國和丹麥的研究都發現，身體不太易吸收和代謝的維生素 A、D、E（人體只能吸收 23 I.U、10～15 毫克）吃多反而提高罹病風險，尤其本來就有心臟病、腎臟病的患者。

長庚腎臟科主治醫師，也是毒物科專家的林杰樑說：「國人飲食中並

不缺乏維生素 A 及 β - 胡蘿蔔素，這些在木瓜、地瓜中含量豐富，不需額外補充。」台北醫學大學保健營養係主任黃士懿也認為多數抗氧化物如茄紅素、花青素、葡萄籽、芸香素等，並不需特別吃維他命補充，多吃蔬果就可以攝取到足夠的抗氧化物。

---

1. 維生素 A：缺少維他命 A 的下場是皮脂、汗腺機能變弱、角質層堆積變厚，肌膚開始變乾燥，代謝變差。

食物代表：豬肝、蛋黃、肉、魚、牛奶、乳酪、胡蘿蔔、南瓜、木瓜、馬鈴薯、地瓜、花椰菜、菠菜、香菜、海苔海帶海藻類。

---

2. 維他命 B 群：絕對是瘦身的重要武器！維他命 B 能加速脂肪代謝，加速醣類變成能量，人一疲勞、壓力一大就容易浮腫，減肥人或過勞人請一定要多多補充維他命 B。

食物代表：糙米、豬肉、肝、蛋黃、豆類、燕麥、牛奶、花生、西洋芹、芹菜。

---

3. 維他命 E：好處多多，除了可以修補傷口讓皮膚緊實外，還可以分解脂肪和膽固醇的囤積、防止血管酸化、促進血液循環。防止腿部靜脈曲張和浮腫，維他命 E 是補充的重點。

食物代表：豆類、穀類、胚芽油、玉米油、花生。

---

4. 鉀：鉀能幫助鈉（鹽份）代謝，改善水腫、促進腸胃蠕動，多吃皮膚還能更緊實。

食物代表：香蕉、葡萄柚、草莓、柑橘、葡萄、柚子、西瓜、菠菜、山藥、毛豆、莧菜、大蔥、黃豆、綠豆、蠶豆、海帶、紫菜、黃魚、雞肉、牛奶、玉米、柳橙，還有茶有 1.1% ～ 2.3% 的鉀。

---

5. 鈣：人體約有 1 公斤的鈣質，想要身形堅挺、體態漂亮，絕不能少鈣。鈣不足會影響神經傳達、智力發展，缺鈣的人，運動後常會抽筋、痠痛！補充鈣可減少運動傷害。

食物代表：牛奶、優格、起士、冰淇淋。

6.纖維素：纖維素能促進胃腸蠕動，幫助消化和排泄。便秘會影響腹部血液循環、妨礙淋巴液流動，使廢物無法順利排除，造成腰部以下到腿部浮腫。纖維素還能滋養腸內好菌，促進維他命 B2、B6 生長，幫助脂肪快速分解。

食物代表：胡蘿蔔、洋蔥、花椰菜、菠菜、馬鈴薯、奇異果、蘋果、香蕉、水梨、鳳梨、燕麥、糙米、小麥胚芽。

「好多喔，記不起來！」請別説這句話，一點也不難，只要熟記那些你愛吃、常煮的食物（或你認識、會買的 XD），熟記這些就夠，當成料理備料的口袋名單。上面的粗體字就是我常買的食材，用它們重複組合出各種創意的激瘦料理。

 激瘦料理日誌四

研**創**超營養、**極**速、**無**腦、**激**瘦菜單，
三 餐幫你**養**成吃**不**胖體質

榮總三日減肥餐簡化後的飲食公式為：早餐一定有水果、澱粉（碳水化合物）和蛋白質（核果、豆、蛋、肉）；午餐延續早餐的營養，繼續攝取澱粉和蛋白質；晚上有水果（餐前吃）、蔬菜、蛋白質，只要掌握這原則就可靈活變化。

如果你吃過一、兩輪榮總三日減肥餐一定有跟我相同的感覺：重複吃固定不變的食物，一定會膩，後來看到菜單就想吐，很難持續下去。最好的方法是找出規則後，設計變化多種菜單，一邊做菜一邊激發靈感不斷創新，這樣才會對激瘦菜單上癮，天天吃不膩。

只要按照營養均衡的食物類型和順序吃東西，一定可以兼具健康、燃脂、排毒和緊實、美麗。現在我的廚藝更精進、營養知識比以前更豐富，把榮總三日減肥餐精髓融會貫通後，加上我找到的激瘦食材，趁旅行各國偷學世界名菜，變化各種豪華營養的美容激瘦料理，每餐都可選擇不同變化，讓吃飯充滿期待。

以下食譜是我這三個月來愛吃、常吃、非常容易煮的無腦、極速、激瘦又激安的料理（每天都在想新菜）。所有食材都是越吃越瘦的蔬菜、水果（採購當令為主），還有高品質的澱粉、蛋白質和油（果汁或涼拌菜可加入亞麻仁籽油，無毒有機商店都有賣，這油對皮膚和身體很好），搭配的飲料有咖啡和茶，還有每天 2,000cc～2,400cc 的水。每天熱量控制在1,500～1,700 卡，不會有飢餓感，雖然每天做菜卻能讓你很輕鬆，減肥變得很享受。再加上正確的飲食時間和飲食順序，一定瘦！

　　想維持身材，一天吃的食物要比自己日常所需的熱量少 100 卡就可以，若一下減太多公斤又沒運動，基礎代謝也會降低，減肥很快出現停滯期。我在減重期每天吃約 1,500 卡～1,700 卡，比我平均一天所需的熱量（基礎代謝＋工作活動量約 2,200 卡）少 500～700 卡左右。瘦一公斤得減 7,700 卡，這樣吃估計 7 天可瘦 1 公斤。後期只有維持體重，於是便把量加大，15 天也能瘦出營養精實的 1 公斤。

　　每天起床後，趁空腹先吃兩到三種水果（香蕉、蘋果、奇異果、葡萄柚、檸檬等，份量別太多，可與家人分食，或只吃半條香蕉、半顆蘋果、半顆奇異果），可打成果汁（有些可以加牛奶），再選擇早餐類其中一道料理當主食。

Cooking 彩虹料理

　　彩虹般的各色蔬果是人類的天然良藥！餐餐都要吃進多種不同顏色的食物，幫身體美容也幫大腦美容。

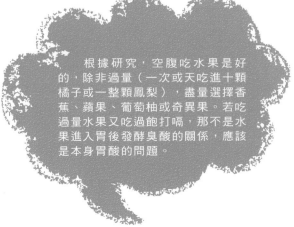

根據研究，空腹吃水果是好的，除非過量（一次或天吃進十顆橘子或一整顆鳳梨），盡量選擇香蕉、蘋果、葡萄柚或奇異果。若吃過量水果又吃過飽打嗝，那不是水果進入胃後發酵臭酸的關係，應該是本身胃酸的問題。

早餐類：

吃完水果梳洗後接著吃早餐。早餐一定要有澱粉、蛋白質、奶或核果，我趕時間的時候，最火速的早餐是 AB 優格加桂格大燕麥片，偶爾直接拿了地瓜和無糖豆漿就出門。有空的話，每天早餐會替換下面選擇。

1. 海苔捲：

海苔高纖、低熱量，又有豐富的B群，可加速代謝又補充體力、提高免疫力，可當零食、可煮湯，還可加入茶泡飯！

韓國人好愛吃海苔捲，不像壽司那麼費工，可以用海苔捲任何食材。早餐吃海苔捲很營養，用海苔包糙米飯加肉味噌，或蛋絲、或涼拌蟹肉棒，或素肉鬆，或無印良品花椒小魚，或泡菜都行。

海苔包飯、松阪豬、自製台式泡菜。

真的超好吃！一定要弄來吃吃看。不方便的地方是最好邊包邊吃，還要小心海苔軟掉（開封後的海苔我放冰箱保存）。

寫這本書的時候，有天寫到我曾吃過一天吐司肉鬆減肥餐，寫著寫著忽然又好想吃，忽然想起如果早上來不及備飯，也可以改做海苔吐司肉鬆捲。

準備一包海苔、吐司切邊（減肥人可用全麥土司）、素肉鬆（我喜歡吃素肉鬆，香脆，鈉含量較低，熱量也較低，拌生菜也好吃）、美乃滋（品牌不限。減肥人用少一點或不用）。

在盤子上（用手就可，不一定要用保鮮膜）鋪上海苔、切邊吐司、擠上適量美乃滋（好吃的關鍵，但熱量較高要注意）、鋪上素肉鬆，捲起來就可以吃了。簡單吧！我做給朋友們吃，每個都拍手叫好。

2. 美式通心粉：

有次搭飛機，機上餐盒有這道點心，黃博好愛，邊吃邊問：「妳會做嗎？」

「當然會！」

「真的？」

拜託！國中就會了，這做法真是太簡單了！噓，不要跟別人講，偷偷做出來讓男人和小朋友崇拜妳。

作法

1. 將通心粉泡水一小時膨脹後，把水倒掉，加入新的水，量稍微蓋過通心粉即可，接著放入電鍋煮，電鍋外放半杯水就夠了，煮Q一點。
2. 熟透撈起放涼備用。
3. 放涼後，加入一匙橄欖油或亞麻仁籽油小拌一下，避免糊在一起。切小丁火腿放入通心麵，冰入冰箱。隨時想吃就撈一些，加入美奶滋就OK了。（無腦料理！）

亞麻仁籽油

3. 法國吐司：

我最愛的一道早餐。2008 年我在東京原宿的 United Arrow café 吃到讓我驚為天人的法國吐司！

香軟的口感、蛋汁和奶香深深融入整片法國土司裡，有濃濃的香草味，跟我印象中的法國吐司口感完全不同！到底怎麼做才能讓蛋汁這麼入味？法國吐司的食譜幾乎都寫著：「把蛋汁、牛奶、香草精、糖、鹽攪拌均勻，將吐司放入盤中雙面浸濕，下鍋煎成金黃色。」但我就算把吐司在冰箱浸一整夜，還是無法做出那種濕潤Q彈的口感。

有次在寒舍艾美酒店吃早餐時，看到廚師製作法國吐司的過程才恍然大悟！原來有一道程序不能省！——牛奶不能和蛋汁加在一起，要分開浸泡！

作法

1. 蛋黃、蛋白打在一起會太黏，很難浸入吐司裡面，先泡牛奶則很快吸收，外面再沾一層蛋汁就可以兼顧濕軟口感和奶蛋香了！（把吐司換成法國麵包更高級）

2. 吃的時候淋上蜂蜜，瘦子還可以撒些糖粉和一球香草冰淇淋！

4. 即時燕麥片加優格：

　　全都是即食材料：1. 我常買統一 AB 優格，較濃稠，味道比較不酸 2. 桂格即時燕麥。這兩樣東西超商超市都有賣。燕麥絕對是低熱量、高品質的澱粉，有飽足感，又能滑腸通便，縮短大便在大腸裡面的時間，不致吸收太多毒素。

最方便、最瘦、最營養，我最常吃！

5. 法國魔丈 + 乳酪：

　　哈肯舖的法國魔杖和藍乳酪（台北敦南誠品地下二樓的固德威起士專賣店有賣，要多試吃，不同品牌口味差很多喔）是我最期待的早餐，早起的動力！藍乳酪不要太常吃，畢竟是發霉的食物（卻是我的愛）。

完全不用煮！

6. 鮭魚起士 + 水梨：

　　軟軟的鮭魚起士加上切極細的小黃瓜片和小蕃茄切片，好清爽。

 作法　　鈣質搭配水果發揮最大作用！鮭魚起士加水梨是我最愛的一道食物。偶爾我也會把鮭魚起士搭木瓜和核果，淋上蜂蜜。

7. 開胃南瓜馬鈴薯泥：

南瓜是超營養、超多膳食纖維的醣類，有飽足感又好消化，減肥時當主食最好！馬鈴薯也是降脂、抗脂的好食材。如果只弄馬鈴薯泥太硬，南瓜泥太軟，**兩者融合一起**的口感軟硬適中，吃起來像冰淇淋般爽口（一定要做做看）。

南瓜：馬鈴薯（1：1）

作法

1. 半個南瓜、兩或三個馬鈴薯去皮放鐵鍋入電鍋蒸熟（電鍋外放一杯水）。
2. 用飯匙壓成泥混在一起，加入液態鮮奶油或鮮奶、少許鹽就夠好吃！多做一些可放冷藏保存。吃的時候可額外加入水煮蛋或醃黃瓜，變化不同口味。

另外半個南瓜可以用來做醋漬南瓜。南瓜切細片（約0.2公分）泡冰鹽水半小時，接著洗淨。放入罐子容器，加入大量的糖和白醋。如果有百香果就方便了！半顆南瓜挖兩顆百香果，再加入大量的糖。

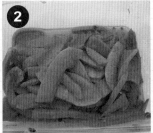

泡鹽水半小時。　　　放入容器，加入大量糖和一顆百　放冰箱一晚就可以吃。
　　　　　　　　　　香果。

中餐類：

中餐大多是澱粉 + 蛋白質 + 蔬菜。延續早餐的營養，供給下午身體活動能量，一樣要有澱粉和蛋白質。下午再吃水果當點心。

　　我最愛山椒小魚！熱熱的白飯拌入一匙山椒（花椒）小魚乾好好吃！配顆荷包蛋（或雞肉絲）和一些涼拌菜，極速美味的開始！

作法

我冰箱有多種涼拌菜交替吃，每週一天花兩小時備菜一次買回花椰菜、西洋芹、豆腐、小黃瓜、白蘿蔔、金針菇，做成涼拌菜放入保鮮盒，想吃就直接從冰箱拿出放回溫，不必再煮，可以吃一星期。下一章會分享。

9. 肉味噌拌飯（最省時、最簡單，冰箱最好常備）：

　　這可以比喻為日式肉燥！每本日式料理食譜都有這道菜。味噌是日本人長壽不胖的秘密武器，不學怎行？味噌在近年流行病學研究中被認為可以抑制胃癌、有效預防肝癌、抗過敏，並保留體內年輕細胞預防老化，還能幫助輻射排出體外，長期打電腦或化療的人更要多食用味噌。我愛喝味噌湯，冰箱常有三種不同口味的味噌（超市味噌好多種口味），每餐來一碗易有飽足感。味噌深色偏鹹、淡色偏甜，可多買幾樣變化。味噌湯要好喝，可加些味醂或冰糖，也可用白紅蘿蔔洋蔥當湯頭。

作法

1. 準備一盒豬絞肉或瘦肉絲（1次1盒的量）。
2. 調味料混和備用：100cc 的水、3 大匙味噌、3 大匙酒、2 大匙糖。
3. 一匙油下鍋，火不用大，將肉炒到變色後倒入拌勻的調味料，

小火悶至醬汁收乾。（有蔥可加蔥，有蒜可加蒜，有洋蔥也可加洋蔥。不同口味味噌和不同口味的辛香料會擦出不同火花！非常好吃，製作過程不到十分鐘）

做完一盒放進冰箱保存可吃兩星期、冷凍庫可放一個月；冰箱取出後拌入熱熱的飯就可以吃了。也可拌麵、拌燙青菜、做湯底，真的跟肉燥功能一樣，脂肪和熱量卻不到三分之一，還更健康。

10. 烤魚配飯（半碗飯）：

　　冰魚、鮭魚、香魚、魴魚、鯖魚都很適合烤。把魚抹鹽入烤箱（用味噌、日式醬油醃也可），用 250 度烤 20 分鐘就可以上桌。搭配事先做好的小菜（醃小黃瓜、紅酒釀蕃茄和果香毛豆，後面有食譜），再搭配味噌海帶芽湯，清爽又激瘦！

作法　超市都可買到切好處理好的秋刀魚，調味料用可用檸檬胡椒、薑泥、蔥、蘿蔔泥。
烤柳葉魚營養好吃又方便，賣點在於香氣和一整隻的魚卵！入烤箱 200 度烤 15 分鐘即可。（因為體積較小）
準備醬料：少許李錦記蒸魚醬油、一點生辣椒、米酒一匙、糖少許。
搭飯加點小菜也夠滿足。

11. 水煮蛋配蕎麥麵:

三餐都可以吃。超市有即食蕎麥麵，水煮 2 分鐘即可撈起加入冰水（冰塊 + 水）冰鎮，等待水煮蛋。

只要倒入少許日式醬油（或龜甲萬鮮美露）就好美味！（怕鹹可加點白開水），撒上一些細蔥末（我還會加蘿蔔泥和芥末），Amazing ！

完美水煮蛋、溫泉蛋、糖心蛋做法與剝殼技巧：水滾後，放入蛋（從冰箱拿出來後要稍微回溫，冷蛋入滾水必破！），轉小火煮約 4～5 分鐘，就有外熟內軟的水煮蛋。

若要做溫泉蛋可在鍋裡準備蓋過蛋的水，水滾後熄火，放入用餐巾紙包住的室溫蛋，蓋上鍋蓋燜約 15 分鐘。電鍋煮蛋最快、最方便，電鍋外鍋倒約 50cc 的水，放入蛋，煮 5 分鐘就拿起，若要蛋黃軟一點就改成 30cc 的水，煮 4 分鐘。

剝蛋時，先泡冷水，然後用夾子上下敲破個洞，開水龍頭由上洞往下洞沖，蛋殼便會自動分開，超好剝。溫泉蛋要先泡冷水，然後慢慢剝蛋殼，不能太粗魯。

我愛吃糖心蛋，作法超簡單、超無腦！冰箱常備再加上味噌肉就可以開小吃店。請將水煮蛋和調味料（日式柴魚醬油或美極鮮味露加開水半碗 + 糖半碗）一起裝到密封夾鏈袋裡，放冰箱兩天最好吃！

準備半碗糖和半碗加開水的日式醬油

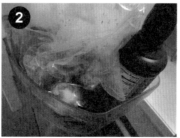

放入夾鏈袋冰冰箱

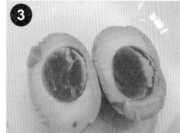

兩天後最好吃

12. 雜炊飯：

把冰箱現有材料切好（我家有木耳、紅蘿蔔洗淨削皮切絲、豆腐切丁）和一杯米放入電鍋內，加4匙日式醬油或美極鮮味露（依個人口味，我看顏色判斷）、加入高湯取代水（水量比米高約1公分）、加少許米酒、少許香麻油。減肥期間我會把豆腐加多點，取代米。

也可買無印良品的炊飯料加入白米和水炊煮，上桌撒蔥即可，省時又營養。

13. 茶泡飯：

作法

準備半碗白飯，茶泡飯的拌飯料（超市買的都不差），倒入茶（烏龍茶、麥茶、玄米茶、清茶都可），加入鮭魚肉（早上烤鮭魚，早上吃鮭魚茶泡飯、中午帶鮭魚三角飯糰便當），有時加無印良品的山椒小魚乾，有時加納豆或切細丁的豆腐，加蔥或哇沙米調味。

茶泡飯是窮人的美味、平民的營養極品，早期是工人補充體力和營養的祕方，有錢人並不吃這一套。後來就像地瓜粥翻身一樣，茶泡飯也慢慢在日本流行，變成居酒屋、燒肉店一定會出現的基本配備，日本應酬文化特殊，大家也習慣回家吃茶泡飯解酒。

14. 松阪豬丼飯：

也是我的愛！

作法

松阪豬送入烤箱200度烤
15分鐘後切片。沾醬用少
許香麻油加鹽、白胡椒、洋
蔥末（或青蔥末）、檸檬汁，
超好吃！（好詞窮，每個都
超好吃）

15. 蔬菜煎餅：

　　日本的大阪燒、章魚燒和韓
國的海鮮煎餅異曲同工，都是以麵
粉煎手邊的材料。日本大阪燒以高
麗菜為主要口感，韓國海鮮煎餅以
韭菜為主。台灣若要改良成蔬菜煎
餅，可加入高麗菜、蔥、豆芽菜或
傳統豆腐和蛋。

　　這是一道清冰箱的好料理，基
本上冰箱有什麼菜都可以加進去。

作法

1. 準備低筋麵粉和高麗菜、菇類、紅蘿蔔、四季豆、甜菜根（讓
　蔬菜煎餅變粉紅色的秘密）。麵粉慢慢加水調稠準備。
2. 煎鍋裡先炒過全部的蔬菜，再倒入麵粉漿，煎脆即可上桌。加
　點薄鹽醬油。

作法

1. 準備一顆蛋、傳統板豆腐一塊、一些蔥或豆芽菜或四季豆、吻仔魚切細丁。豆腐不像麵糊厚重到足以把高麗菜包起來，所以要把食材重量減輕一點。

2. 將豆腐用刀切爛用湯匙壓磨成泥狀（更高級一點的話可以過網篩，壓過網子更綿細），與打好的蛋汁混在一起，加入全部食材拌拌，熱好油鍋後下鍋煎，小心煎。

3. 因為比較難翻面，所以可以先倒出在盤子上，利用盤子翻轉。

16. 芝麻醬地瓜葉拌豆腐：

將豆腐用湯匙壓碎，和切細碎的地瓜葉拌在一起淋上和風芝麻醬。地瓜葉也可用菠菜取代，菠菜補鐵對女生很好，預防掉髮、氣色又好。

我愛死了！中餐我的份量是照片裡的兩倍。也會拿來當晚餐的配菜。

1. 水滾後放入整塊板豆腐，熄火燜 5 分鐘（這種煮法豆腐最好吃）。
2. 5 分鐘後撈起豆腐放涼。
3. 再開火，水滾後放入地瓜葉燙熟（不超過一分鐘）、撈起，擰去水分後，切細碎。

最美味的水煮豆腐作法：
這招是看日本綜藝節目〈老師沒教的事〉學來的。比較平價豆腐用這種煮法，和百年老店的高檔豆腐卻用水滾的方式煮熟，結果是平價豆腐好吃！理由是因為煮法厲害。

甜品零食點心類：

零食甜點自己做最好，控制熱量。可當早餐、點心和宵夜。

17. 薏仁牛奶：

1. 洗過的薏仁泡水 3 小時，再放入電鍋煮（通常外鍋 2 杯水煮 2 回，才夠軟爛）。
2. 我會先舀起一些煮好的薏仁放保鮮盒冰冰箱，隨時加入牛奶吃。
3. 剩下一點薏米顆粒和濃薏米汁，用調理機加點水打成薏米水，視濃稠度再加水調整。夏天喝不加糖的薏米水，可加檸檬汁，香氣夠更消暑，這是新加坡人美白、利尿、去水腫的好物。聽說孕婦盡量別吃薏仁。

台南〔椿之味〕最有名的就是薏仁牛奶。煮到軟透爆開的薏仁加鮮奶，好好吃！我吃原味，喜歡甜一點可加鷹牌煉奶（別加果糖）。

多吃豆類（紅豆、綠豆、薏仁）對瘦下半身非常有幫助，它們都可以利尿、消水腫，又有飽足感，越吃越瘦，尤其是薏仁，還可美白，讓皮膚緊實細緻。

18. 綠豆地瓜湯：

綠豆和地瓜都是排毒、消水腫前 2 名的好東西，煮好一鍋綠豆湯，加入一點地瓜就成了無敵排毒餐！

超市地瓜一次都得買一袋，常來不及吃完就發芽。電視教過只要把地瓜燙過再冰冰箱就不容易發芽。我的方法是地瓜買回來先用新的菜瓜布刷乾淨，全部放入電鍋直接蒸熟，然後分裝塑膠袋放入冷凍庫，留幾條冷藏隨時可吃。

我用電鍋煮綠豆湯，放涼後倒入開水壺保存，冷凍庫拿出地瓜退冰，待綠豆湯涼了，地瓜也退冰了，兩個就可以加在一起囉。綠豆湯不用太多冰糖，因為地瓜就夠甜囉！

19. 冰糖燉水梨：

作法
1. 將清洗乾淨的水梨削皮，皮要留下一起燉喔！
2. 用西餐刀取出中間的果核。拿一個碗，底部放水梨皮、放上中空的水梨，並在中間的洞裡放入適量的冰糖。
3. 整碗放到電鍋裡蒸，外鍋我倒了三碗水才蒸出一碗水梨汁。

Before

碗內不加水喔，直接靠水梨出水。

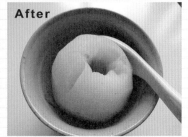

After

超好喝！是美容養顏的潤肺甜品，大咳（有痰）可緩解症狀。

晚餐主食類：蒸、煮、烤、火鍋為主。

　　我常想，台灣人的飲食習慣可不可以大轉變？改掉幾菜一湯的模式，改成一人一份餐盤，像營養午餐一樣，這樣才能放入更均衡的營養。

　　我的晚餐：一碗湯（最常是料很豐富的味噌湯，有花椰菜、豆腐、蔬菜、海帶芽），一份主食（肉料理），搭配幾樣涼拌配菜，半碗糙米飯（最初吃白米飯，減重期間晚餐不吃澱粉，或吃極少）。先喝湯增加飽足感，喝完湯再吃主食，不要邊喝邊吃，這樣會減少唾液和食物磨碎沾裹的時間，影響消化系統。

20. 中式蒸魚：

中式蒸魚有薑，鯛魚、魴魚、虱目魚適合用蒸的。

作法　魚上下抹鹽和胡椒，鋪上切好的帶皮薑片、蔥切長絲，最下層鋪豆腐和洋蔥（增加口味和飽足感），再倒入一點日式醬油、米酒和醋（或盛盤後加入檸檬汁），也可加多點水煮成中式魚湯，冰魚、紅目鰱就很適合。

21. 蕃茄莎莎醬佐檸檬烤冰魚：

作法
1. 冰魚稍微清洗後，兩面抹鹽放入烤箱，以 250 度烤 15～20 分鐘。
2. 烤熟後加上蕃茄莎莎醬（做法在下面）和檸檬片。檸檬不要入烤箱，檸檬烤過味道會變苦喔。

作法

蕃茄洋蔥莎莎醬：

蕃茄去皮去籽切小丁、洋蔥也切小丁、蒜片切末，加入黑胡椒、白胡椒、檸檬汁（或白醋）、香麻油、鹽，就是香氣十足的蕃茄洋蔥莎莎醬。口味清爽，適合夏天拌魚或拌飯（拌飯可以不加蒜末）都好吃。

22. 普羅旺斯烤魚。

上桌馬上被秒殺！

作法

1. 大賣場買回鱸魚清洗後，用鹽和迷迭香醃一個多小時。
2. 馬鈴薯洗淨削皮切片，下油鍋煎成金黃色後鋪在烤盤底下，再撒上鹽和迷迭香，鋪上醃好的魚，再疊上檸檬切片、羅勒。
3. 放入烤箱，以 200 度烤 30 分鐘即可。

圖片是我的好友 Banks 的烤魚作品。

> 以下料理都是用激瘦食材基本咖（紅蘿蔔、蕃茄、西洋芹、黃瓜）做成的百變國際料理，也就是說，常買這些食材就能做出這些餐。

23. 山寨馬賽魚湯（bouillabaisse）：

這道料理原文是關小火燉煮的意思。

馬賽位在南法，是法國第一大漁港，相傳古時漁夫們捕魚後上岸，就近在馬賽港煮大鍋魚肉雜燴湯補充營養（典故好似咖哩和茶泡飯），每鍋湯至少有 5、6 種地中海的魚，大部分是賣不掉的魚，魚骨多用來熬湯，加入地中海特有的香料燉煮成味道濃郁、評價兩極的的橙紅色魚湯。通常第一輪先喝湯，

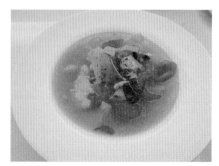

第二輪再吃料。這道家常美食也被寫進美味關係的食譜、和哈利波特的書裡。

　　我的做法是山寨的，因為方法像，但喝起來不像，比較像西餐廳的海鮮濃湯。這是一道了不起的湯，一定要學起來，煮來嚇嚇人，而且超好喝。

　　想做馬賽魚湯是因為冰箱裡有激瘦食材：蕃茄、西洋芹、大蒜、洋蔥、馬鈴薯、紅蘿蔔、魚肉。冰箱常備這些蔬菜也可變化做法式燉菜或咖哩（加入優格更好吃）、紅酒燉牛肉，不同肉類會變化出不同口味。

　　我沒有番紅花，所以是山寨，還加了蛤蠣（下次我想來加蝦和花枝）。我用魴魚、鱈魚和鯛魚三種魚，肉質比較好，鯖魚、吳郭魚味道比較腥（我試過）。

作法

1. 先將 2 顆削皮馬鈴薯、2 條削皮紅蘿蔔、4 顆牛蕃茄、3 條洗好刮好皮的西洋芹）先入烤箱烤軟（烤箱 200 度烤 20 分鐘），加速軟爛程度。烤熟後放涼，將烤過的蕃茄去皮去籽。
2. 另一鍋用橄欖油（2 大匙，比平常多一點）炒香大蒜（8 顆）、洋蔥（1 顆半）。
3. 香氣出來後，加入烤軟爛的蔬菜們（馬鈴薯、紅蘿蔔、蕃茄和西洋芹）炒香，加入鹽調味（很大鍋我加 5 匙，不鹹不入味）。
4. 接著倒入白酒、魚、蛤蠣繼續煮，慢慢試味道，可加蕃茄醬調味，不夠鹹可以加鹽，不夠甜可以加洋蔥。
5. 起鍋前放 7、8 片九層塔葉、擠些檸檬汁或白醋。

味道酸甜香（九層塔和檸檬汁的香），好好喝！料可以買多一點，我的蛤蠣好小顆，不滿足，加點淡菜或花枝會更讚。冰冰箱隔天熱來吃更入味、更香甜。

介紹完歐洲的清冰箱料理，要來介紹日本、印度、泰國的清冰箱料理：咖哩湯！（不勾芡版），大部分的異國咖哩都不勾芡！

這道蔬菜咖哩是我在東京吃過最愛的一道，當時逛到下北澤，延著下北澤北口前面街道，看見摩斯漢堡就可以看到 Soup Curry，鈴木京香愛吃，用 14 種蔬菜燉煮而成的咖哩。

黃博爸爸說：「多吃咖哩對身體很好，可以預防老年癡呆症，已有研究證實。」醫學研究咖哩可抗癌的文獻也很多，我查了咖哩的好處還包括抗衰老、預防青春痘。《美國臨床營養學雜誌》刊登的研究論文，證實咖喱可以幫助降低餐後胰島素反應，能促進代謝，使人消耗更多的熱量，促進脂肪氧化，從而有利於預防肥胖。

作法

1. 先將雞腿肉燙過後加 2 顆大蒜熬高湯。
2. 橄欖油炒香洋蔥丁（1 顆）、馬鈴薯塊（2 顆）和紅蘿蔔塊（1 條）。炒香後加入雞高湯，水滾後加入咖哩塊（我用比較辣的爪哇咖哩，咖哩塊有甘味咖哩、爪哇咖哩、中辛大辛各種口味依個人喜好選擇。），接著放入各式各樣蔬菜：水煮蛋、花椰菜、小松菇、小白菇、小黃瓜、蕃茄去籽去皮（切丁）、玉米、茄子、高麗菜、竹筍、四季豆……想到什麼都可以加進去

不要勾芡！可以加入牛奶（平衡辣度，吃起來較順口）或優酪乳（口感更滑嫩）。

25. 法式蔬菜雜燴湯（Ratatouille）：

與馬賽魚湯由來一樣，法國農民將採收的蔬菜通通燉煮成一鍋大雜燴，是每個法國家庭都會做的家常菜，也是電影料理鼠王（Ratatouille）裡的重頭戲，把各種新鮮蔬菜和法國香料放入大鍋燉煮，好像傳說中的七日巫婆湯法式美味版！

基本蔬菜料和馬賽魚湯、咖哩都差不多，把馬鈴薯、紅蘿蔔、大節瓜、青甜椒、西洋芹、蕃茄、茄子（去頭就好，整條先不切）用烤箱烤過（用200度烤20分鐘），烤好後放涼，將茄子切片，蕃茄和青甜椒剝皮去籽，燉煮時比較不苦。

準備一個大鍋，用橄欖油將蒜片和洋蔥丁炒香，接著加入烤過的蔬菜們拌炒，倒入高湯、少許紅酒、各種香料（月桂葉、羅勒、巴西利）、鹽、紅椒粉、黑胡椒，燉煮成雜燴湯。

家庭蔬菜雜燴湯沒有固定的味道，每個家庭有自己的媽媽味和創意，基本上只要好吃就行，冰箱有什麼蔬菜都可以放下去，無所謂，茄子、花椰菜、小黃瓜都可以，就當是清冰箱料理！

26. 馬鈴薯燉肉

OMG！日本女人用來擄獲男人就靠這道菜！（不過我是靠上面那道咖哩蔬菜鍋）馬鈴薯燉肉是日本男性票選出吃起來最有幸福感的料理。

1. 鍋裡倒入少許橄欖油炒香薑（切片）、蒜（拍碎）、洋蔥（切絲），加入切塊紅蘿蔔和馬鈴薯，再加入肉片（或肉塊）拌炒。
2. 炒香後倒入水（蓋過材料），加入少許日式醬油、冰糖（有料酒和味醂也可加入調味，沒有也沒差），煮熟即可上桌。

27. 清酒菇菇雞鍋：

作法 營養又好喝！準備清酒（便利商店有賣）、小雞腿數隻、半顆高麗菜、大蒜數顆、洋蔥半顆和各種菇。鍋底放入一點橄欖油炒香大蒜和洋蔥絲，加入小雞腿拌炒，倒入一小罐清酒，因為高麗菜會出水，所以水不用再加多，頂多 100cc，水滾後灑上少許鹽。

28. 營養小火鍋（15 分鐘上菜）：

湯頭 美極鮮美露半碗加一鍋水。湯滾後放入高麗菜、紅蘿蔔當湯頭滾 5 分鐘，再放其他食材擺放好，蓋上鍋蓋熄火，悶 10 分鐘就可上桌了（肉片悶 15 分鐘，肉塊就要悶 20 分鐘）！極速、美味、低油、低脂，不要滾煮過久營養才不會被破壞，搭配芝麻醬沾料。

千萬別吃再吃沙茶醬了啊！

29. 牛奶鍋：

牛奶鍋其實好簡單，只要按照煮火鍋的步驟。牛奶與高湯的比例2：1。

（一人份）用250cc高湯煮滾，將高麗菜、雞肉（魚肉）、花椰菜、洋蔥、玉米煮滾煮熟，起鍋前倒入500cc全脂牛奶。

注意：牛奶不要沸騰太久，所以起鍋前加入就可以。（三人分以上就要用1,000cc水和2,000cc全脂牛奶）

不加醬就很好吃。

30. 燉高麗菜肉：

無油煙又下飯的一道菜，吃過的人都說讚。

 作法

1. 湯鍋裡倒入一碗水（不必多，因為高麗菜會出大量的湯汁），依序放下豬肉、豆腐、乾香菇（怕香菇味的可不加）、高麗菜、蒜苗或蔥段、辣椒（依個人口味可加可不加）、倒入少許醬油、少許冰糖。
2. 水滾後轉小火，燉到高麗菜軟爛為止，也可放入水煮蛋。

31. 簡易壽喜鍋：

　　壽喜鍋的醬汁好簡單，半碗日式醬油（或龜甲萬鮮美露）和一碗水加點冰糖倒入平底鍋，加入牛蒡、半顆切絲洋蔥和幾段青蔥當湯頭煮滾，接著放下你想吃的料，一般有肉片、青菜、金針菇、海帶芽、蒟蒻絲、水煮蛋、豆腐，灑點黑或白芝麻，紅辣椒粉或七味粉，煮熟就可以囉！配飯吃超讚！

32. 煎白花椰菜與白花椰菜泥：

　　這是我的大廚好友滕有正的私房食譜，吃這道菜的時候我正在做牙齒美白，再適合不過。他說：「白花椰菜有一股我很愛的香味，尤其用煎的烹調法，當花椰菜的糖分焦化後，那股香甜真是令人愛不釋口。這個做法是白花椰菜兩吃，一次享受兩種口感。」

　　花椰菜泥的口感和味道可以直接轉化成各種濃湯底，一般濃湯要用奶油炒香麵粉，熱量較高，白花椰菜濃湯高營養、低熱量，又有飽足感！

我一看便愛上這片長得像大樹的白花椰菜！

作法

1. 先切兩大厚片白花椰菜，剩下的白花椰菜用電鍋蒸熟（外鍋半杯水即可）。

2. 再平底鍋中燒一點水（100cc 左右），把蒸熟的白花椰菜撈過來煮爛。

白花椰菜切片

等水量剩薄薄一層時，倒入全脂牛奶，不需太多（約菜高的一半），撒鹽調味

3. 水滾後加牛奶再煮 1 分鐘，熄火等入味，順便放涼（牛奶和水的比例約 2：1）。

4. 接著整鍋倒入調理機，把這鍋牛奶花椰菜打成菜泥。

5. 接著煎花椰菜，煎焦糖色後，放到白菜泥上，不需再調味。

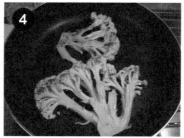

　　牛奶白花椰菜泥可取代白醬濃湯底，用來做焗白菜或焗通心粉都很威！我拿來做鮭魚濃湯飯。用烤好的鮭魚肉拌飯，碗倒扣做出飯模，擺盤淋上白花椰菜濃湯。也可以加入玉米粒和雞肉絲，變成好營養又零負擔的玉米濃湯，適合晚餐不吃澱粉時的料理。用法好多，靠你創意聯想囉！

> 不能缺席的重要配角涼拌料理，讓妳越吃越瘦。

所謂的極速激瘦料理，其實就是事先做好冰在冰箱保存的涼拌小菜，類似韓國人的泡菜、日本人的漬物。把大量蔬菜買回家後，花椰菜、毛豆可先燙過（水滾後熄火，放入蔬菜悶兩分鐘），高麗菜、紅白蘿蔔、小黃瓜、南瓜、苦瓜、甜椒等等都可生食，一鼓作氣將這些蔬菜（也可拌入雞絲或雞丁）加入鹽、糖、香麻油、醋或檸檬汁製成醃製涼拌菜，吃的時候只要從冰箱拿出放置常溫就可以，口味比現炒美味。冰箱可保存約一至兩星期，天天吃、三餐吃、二、三人吃份量都夠。

蔬菜經過醃製，可保留較多蛋白質、維生素、礦物質的量，常食用醃生菜才能吃進較多的食用纖維，幫助吸收體內多餘的脂肪，又可潤腸通便、加速排泄。涼拌小菜中常使用的檸檬和醋，它們產生的酸性物質還能溶解破壞體內組織中蓄積的脂肪、增加脂肪的消耗。這就是愛吃泡菜的韓國人、愛吃醃漬物的日本人大多是瘦子的秘密！

楊定一博士在《真原醫》書中提到：「酵素是古人的智慧，經培養發酵的蔬菜，例如：泡菜、醃蘿蔔、黃瓜和甜菜，還有味噌和納豆，都是天然食物酵素的來源，穀類、豆類、堅果種子都富含酵素。食物酵素存在生食中，也就是未經 48 度以上加熱處理過的食物。」酵素也是幫助瘦身的最大功臣，最好全取自天然食物。

想瘦一定要多補充生食或蔬菜水果裡的天然酵素來幫助消化！這樣消化酵素就可以多分一點給代謝酵素，讓身體輕鬆代謝掉多餘的廢物和毒素！**最簡單的方法就是早餐生食水果、中午多吃醃漬物、晚餐多吃魚，盡量每餐都不吃加工食品。**

加工食物被稱為空的食物，不但沒有營養，還會給身體製造毒素，戒掉比較好。這半年來我已經慢慢戒掉所有罐頭類、泡麵、鹹蛋、皮蛋，偶爾幾乎已經很少吃香腸和有餡麵包。

我愛做泡菜，像高麗菜、蘿蔔等醃漬生菜，可現吃也可冰冰箱食用（台式泡菜作法，將高麗菜和紅蘿蔔洗乾淨後，泡鹽水半小時，將鹽水倒掉，用開水泡洗一遍，試試口味太鹹再洗，接著把高麗菜和紅蘿蔔一起放入玻璃保鮮盒（或密封袋），加入糖、醋、香麻油醃漬），山藥盡量吃山藥絲，生食這些食物有大量酵素。

泡菜的優勢就是作法雷同，味道卻會因為蔬菜類型不同而多變。

一次切好，放置不同容器，一起放醃料、一起蓋起來、一起睡冰箱！

涼菜從冰箱拿出來吃的時候必須先放回常溫再吃，當妳開始有瘦的意識時，要謹記吃任何食物最好都與常溫或體溫相當！

33. 涼拌三色絲：

這是一款適合當晚餐配菜的涼拌，喜歡吃洋蔥的人一定要試試這道菜。

我大學時愛上永和某間家常小吃店的三色絲，一小盤不到三口要 35 元，每次吃完回家朝思暮想，不想跑那麼遠只為了吃這道菜，於是便偷偷觀察老闆用的調味料，自己想像味道，回家如法炮製。

2010 年上型男大主廚節目的時候，我介紹過這道菜，被詹姆士大讚！美中不足的是切菜的工作人員把食材切得好粗！粗粗的洋蔥、不規則長條狀的火腿，不優雅，淑女吃的菜一定要細緻啊！

不得不再說這道菜真是超簡單。

1. 半顆洋蔥切絲泡冰水15分鐘去嗆、切半盒火腿絲（依個人需求，我都買博客的三明治火腿）、打1顆蛋煎熟後切成蛋絲。就是主角三絲！

2. 把三絲倒入容器中，加入少許香菜末（主味，少這味就不行，7g香菜就滿足我們一天所需的維他命C，營養素也比其他蔬菜高）、1匙李錦記的蒸魚醬油（味道最好）、1小匙香麻油、少許糖，還有半顆檸檬汁（這味也是重點，白醋取代不來喔），起淋上三絲即可食用。

去除洋蔥腥嗆味的方法：

將洋蔥切細絲泡冰水15分鐘，就可以去除洋蔥刺鼻的腥味。新鮮洋蔥泡過水後加蜂蜜或和風醬油就是好吃的小菜！

34. 瘦身洋蔥湯

改良過，方便煮，又瘦又好喝。

1. 先熬一鍋蔬菜湯頭（紅蘿蔔、西洋芹、去皮蕃茄），量不用大，小鍋子一人份就可以。

2. 把洋蔥切成絲，切小丁也可以，在炒鍋倒入橄欖油開始拌炒洋蔥。小火慢慢攪拌，不能讓洋蔥焦掉，但又要慢慢炒成焦糖色。大概要翻炒個20分鐘左右，視量多寡而定。

3. 把熬好的蔬菜高湯撈起料和渣渣，留下清湯，與炒好的洋蔥混合，就是一道很炫的洋蔥湯！想隆重一點的話可以鋪上起司絲放入烤箱假扮高級料理。（我懶得這麼做）

35. 蜂蜜醋漬蘿蔔

1. 準備白蘿蔔切長條狀。

2. 撒上梅子粉，梅子粉可取代鹽和糖，淋上白醋、繞幾圈蜂蜜。

3. 放入冰箱等待入味。一天後更好吃，還可以潤肺止咳，消脂去水腫。

錦壽司師傅又傳授我他的配方：用鹽醃蘿蔔半小時，出水後用開水清洗一、兩遍，洗完後再醃製。加很多糖（約半碗）、少許白醋和一些檸檬皮調味（這是秘訣）。檸檬皮要切非常薄，不能切到皮裡的白肉，妙的是檸檬皮竟然和蘿蔔擦出如胡椒粉的香氣。

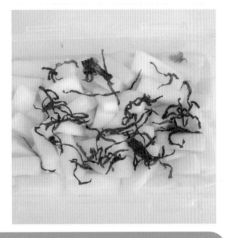

另外，小妲的版本額外加了昆布絲、又增加一些海味，很好吃！

> 需注意：蘿蔔味道有點像瓦斯，別怕，只有打開的那瞬間會有這個錯覺。

36. 日式漬黃瓜：

台式小黃瓜泡菜會放大蒜，雖然我愛大蒜，但黃瓜我想保留它清新的味道，偏好清爽的日式漬法，不加大蒜，可切成不同形狀，削皮不削皮都行。

切圓片或小丁都好，切成段可秀刀工，來回在小黃瓜表面切細紋路，秀秀自己刀工，幫助入味。切法的秘訣是一手握住小黃瓜，像拉小提琴一樣，細細密密去回去回的切。

　　找個容器放入（容器不夠，我就放密封夾鏈袋），均勻撒上一點鹽和糖、一點梅子粉（可加可不加）、幾匙白醋（或半顆檸檬汁）、一點香油和一點紅辣椒（好吃的秘訣在一點紅辣椒），均勻搖晃後冰入冰箱，就是甘甜微辣的漬黃瓜，隨時可吃，宵夜也可吃喔。

　　有一種比較肥，但好吃到爆的做法：醃小黃瓜時，加鹽和糖，一點蒜末和一瓢老乾媽香辣脆油辣椒（賣場和便利商店有賣，紅色標籤），偶爾來一下很爽。還有一種中庸，不肥不瘦但比較毒的做法（因為是發霉的食物，但好吃還是想介紹一下）：小黃瓜切好泡冰水變脆後，加入一點鹽、一點糖、一點蒜末和麻油豆腐乳。

37. 涼拌金針菇紅蘿蔔西洋芹：

　　其實涼拌的道理都相同，調味料、醃料都一樣，不外乎糖、鹽、香麻油、醋，不同的蔬菜，就會衍生出不同口味。西洋芹再加上紅蘿蔔和金針菇一起醃漬，也好開胃！

　　西洋芹、紅蘿蔔切細絲，一起泡在冰開水裡（不敢吃紅蘿蔔就不要加，但紅蘿蔔潤腸通便，排毒效果最好喔）。金針菇切段，燙熟撈起，擠掉水分。

　　撈起冰水裡的西洋芹和紅蘿蔔，加入金針菇，均勻撒上鹽、糖、白胡椒、1匙香麻油、1匙橄欖油、1匙白醋攪拌。

　　建議用兩包金針菇，份量比較足，把所有料放進便當盒拌在一起。也可擠入一條綠芥末（可加可不加）。

38. 日式涼拌金針菇:

　　相當好吃的配菜！口味無敵,金針菇非常潤滑,可淨化大腸、幫助代謝。將金針菇和其他菇類切好備用,鍋子加入 50cc 的水（金針菇會出水,所以水少放點沒關係）、日式醬油 2 大匙、糖 2 匙,把菇類放入鍋中燒至湯汁收乾。

喜歡辣的可以放點辣椒。冰至冰箱成為基本涼拌菜,放入玻璃保鮮盒,可當涼拌菜。

39. 醋香黑木耳:

將黑木耳去蒂泡軟一小時後,水滾後熄火將黑木耳放入泡約 2 分鐘,撈起放涼。加入黑醋、醬油膏、薄鹽醬油、蒜末、乾辣椒、生辣椒、香菜、少許鹽和糖、白胡椒,拌一拌。也可放冰箱當常備小菜。

　　同樣作法也可用在茄子上,把黑木耳改成茄子就行,茄子要整條加熱（烤或水煮）後再切喔,不然表面會有黑點點。

40. 果香涼拌毛豆：

這是我最常做的一道菜，最營養也最受歡迎，顏色超美，味道超好吃，做完會很驕傲的一道菜，一盤就吃進最營養、最瘦的食物。

毛豆稍微過滾水燙熟，放涼稍微降溫，小黃瓜、紅蘿蔔、鳳梨切丁（鳳梨酵素也很會分解脂肪），加入切細的蒜末（這道菜好吃的秘訣就是蒜末），撒上鹽、少許白胡椒、黑胡椒、1匙白醋、1匙香麻油、1匙橄欖油（依個人口味加重加重口感會如何？），也可加一點點生辣椒。拌一拌、搖一搖。放冰箱一晚或置涼一小時。也可以加入燙過的生豆皮，好吃！

41. 米其林鳳梨：

在香港置地文華東方的米其林二星餐廳 Amber 吃到的水果甜點，名字叫：Victoria Pinapple. 新鮮鳳梨切片或切成鋸齒狀（剛好擺上一些羅勒葉），上面一顆顆的是橄欖油，橄欖油的味道和鳳梨好 match! 撒上一些紅辣椒粉。

我在柬埔寨吃過撒紅辣椒粉的鳳梨，一看到覺得好驚悚！但放入嘴裡還真好吃！

鳳梨和橄欖油、紅辣椒粉的搭配，激瘦啊！

接下來是蕃茄好幾吃。蕃茄是最棒的養顏美容極速瘦身食材！如果上面的菜色都懶得動手做，還是想瘦的話，那至少天天吃蕃茄。

**一分鐘蕃茄
輕易剝皮法：**

做蕃茄料理前，一定要先學去蕃茄皮。（不是熱水燙、再放進冰水裡即可嗎？）

我好愛喝天仁茗茶的鮮果蕃茄梅茶，用聖女蕃茄、梅粉、913 茶加上蜂蜜和冰塊，用調理機打碎。

但自從 10 年前施愛咪跟我說，她有個朋友做了大腸水療後發現腸內都是長期累積的玉米皮和蕃茄皮，嚇到我了，從此我就盡量將蕃茄去皮，也會叮嚀外面的店家在幫我製作鮮果蕃茄梅茶時，幫我把蕃茄打碎一點。

關於蕃茄皮卡大腸這件事，其實只要多吃蔬菜和高纖食物就可以加強腸子清潔，要不就事先幫蕃茄去皮。我的方法是把蕃茄泡在熱水裡一分鐘，再拿到冷水下沖，皮輕輕一撥就脫落了。

42. 蕃茄油醋醬：

當法國麵包的配料超好吃！簡單的作法就是到無印良品買蕃茄油醋醬包，只要準備新鮮蕃茄就可以了。

自製的話請準備：紅酒醋 2 湯匙、橄欖油 3 湯匙調在一起，九層塔少許切末，加 1 茶匙鹽、2 茶匙糖，一點蒜末，再撒一些黑胡椒，就是好吃的蕃茄油醋醬。

43. 薑汁油膏蕃茄：

台南人最愛的蕃茄切盤。薑磨成泥約一湯匙，加入 3 湯匙的金蘭醬油膏、適量紅砂糖，所有料和醬油膏一起調成糊狀，可再加入甘草粉（中藥店買，也可不加）。

喔！你會愛死。

44. 紅酒釀蕃茄：

很費工卻很值得做的開胃菜，饕客才會做喔！高檔的法國料理店或法式日本料理店都會有這道開胃菜，也很適合當各種肉類的配菜。紅酒和蕃茄都是對女生很棒的食材。

作法

1. 準備一瓶紅酒和冰糖。把紅酒倒入鍋中煮開後，加 2 匙冰糖（多一點無所謂），水滾後熄火放涼。

2. 小蕃茄煮一下方便去皮，水滾後把蕃茄丟進去煮 30 秒熄火，看到蕃茄外皮裂開就可以撈起來，放涼後剝皮，剝皮後放入容器，撒梅子粉（依個人口味，一盒蕃茄加一大匙梅粉，均勻撒上就夠味），最後倒入調味好的紅酒，放涼後冰冰箱，4 小時後或隔天吃最棒。

45. 蕃茄馬芝瑞拉起士：

　　這道菜很適合當三餐吃，下午也會拿來當點心吃，宵夜吃也不胖。

　　把牛蕃茄、馬芝瑞拉起士、九層塔（羅勒）這三個主角串起來，用橄欖油調味。

作法

1. 將蕃茄去皮去籽後切片、馬芝瑞拉起士切片，兩個厚度差不多，然後一層一層夾住，中間夾九層塔，淋上橄欖油就行。

2. 不然就像我很假掰的將九層塔用食物調理機打成葉茉醬汁，加入鹽和黑胡椒調味，再和橄欖油一起淋上蕃茄馬芝瑞拉起士。打成泥太費工了！我只做過這麼一次，往後我都直接一片九層塔、一片蕃茄、一片馬芝瑞拉起士夾起來吃。

3. 也可用小蕃茄切半（就不用麻煩的去皮去籽）、馬芝瑞拉起士切小丁，拌入撕碎的九層塔（羅勒）、淋些橄欖油、撒上鹽和黑胡椒，當沙拉一樣好吃。

激瘦料理日誌五

只要掌握食物類型和食用時間，非瘦不可

飲食只要掌握這些原則，一定又瘦又美又年輕！

1. **一定要各種營養都均衡，缺一不可**

對 35 歲以上的女人來説，沒什麼比抗老和
營養均衡更重要，減肥也是！減肥只是健
康生活的附加價值，所以一定要天然的營
養，絕不能瘦了以後變得又鬆！又老！又
醜！一定要纖細彈性，還要兼具年輕、緊
實才是首要。

請停止沒營養、無趣甚至危險的減肥法，
補充高品質的澱粉、高品質的油、高品質
的蛋白質，牛奶、豆漿和有營養的蔬菜、
一天至少吃進四種水果。身體要好的營養
強化腦力和體力，吃下好的東西提供身體
能量、幫助消化、增進腸胃蠕動，營養能
吸收，該代謝的也會盡快排出。

激瘦食材彼此完美搭配，激瘦體質才能完美養成。

2. **注意飲食的時間和重點：白天多澱粉和蔬果，晚上多蛋白質
   和蔬菜。**

中醫常説：「白天多吃澱粉胖上半身，晚上吃澱粉胖下半身。」這理論
依附在身體機能和能量循環的基礎上。早餐
不吃澱粉或不吃的人，一定臉頰凹陷、胸部
縮水、鬆弛又腦殘。有運動習慣的人要記得
在白天補充澱粉，讓自己有足夠能量可燃
燒，也比較不會瘦到胸部。

早上腸胃開工，吃的東西 100% 被吸收利

用（一定要營養）。醒來先拉開窗簾，用陽光叫醒你的身體，讓體溫升高，身體機能開始蓬勃運作，豪華營養的激瘦美容菜單優勢在早上提供充足營養的澱粉和脂肪，還有蛋白質和奶，保持一天所需的腦力和體力。

中午吃的食物 70~80% 會被利用（要營養，但減量），繼續補充精實的奶、蛋和澱粉，增強下午體力，下午餓了可吃水果補充。

傍晚身體能量漸收，晚餐吃的食物只有 30% 被吸收，所以最好吃些好消化又有飽足感的蛋白質和蔬、果。晚餐澱粉要少吃，否則累積在體內的分量最多（急著想瘦的人可以在第一週不吃澱粉，或一週挑三天不吃澱粉，不建議長期不吃），澱粉 3~4 小時就消化光了，蛋白質消化時間要 6~7 小時，現代人晚睡，多吃肉和蔬果，有較長時間的飽足感。

出家人過午不食（按照身體脈絡能量循環順序，九點前是腸胃最旺的時候，之後就要休息了），激進減肥者逼自己晚上 6 點後不吃（也要早睡才行，否則消化後超過 12 點，又餓了），讓白天吃的東西盡快在太陽下山內被完全消化吸收，才不會轉變成脂肪廢物囤積在小腹。

早午餐吃澱粉，晚餐少吃澱粉，肉類最好吃魚，盡量 6 點半前完食（最晚別超過 8 點，睡前 3 小時別吃食物），水果和葉菜類盡量白天食用，或多吃蒜蔥辛香料平衡。

3. 生食或蒸煮，健康方便又省錢

蛋白質別煮超過 15 分鐘，蔬菜別用 48 度以上的溫度烹煮。食材我部份生食（做成涼拌漬物），其他幾乎全用蒸煮；蒸魚、蒸菜、蒸水煮蛋，在電鍋外加 1 杯水，算好時間（不超過 15 分鐘）檢查鍋裡菜熟了沒。

食物的煮法會影響營養，也影響身材。外國藝人（李孝利、黛咪摩爾）非常熱中生食減肥法（也跟他們平時的飲食文化有關），若想跟她們一樣在一個月內緊急瘦 5 公斤的話，第一週每天三餐選一餐吃生食（生菜

或水果），另兩餐補充蛋白質（肉、蛋、豆腐）。第二週每天選兩餐吃生食，另一餐喝點青菜豆腐味噌湯。每一週的第五天可以補充地瓜和野菜。生食最能保留食物營養素和纖維質，並能補充食物酵素幫助消化代謝，養成激瘦體質、瘦得快！

我偶爾用瓦斯煮火鍋和湯（怕熱）、偶爾用烤的（烤魚、烤松阪豬、烤地瓜、烤山藥），烤肉250度、烤蔬菜200度，時間控制15分鐘內，以不焦、不過熟為原則。保留食物最自然的顏色、營養和味道。

我不喜歡油煙味，生食或蒸煮對單身外宿者也很方便，只要一個大同電鍋，或加一台果汁機，頂多再一個烤箱或電磁爐，煮火鍋也行。蒸、烤才不會把自己綁在廚房裡等等等等，只要事先把食材處理好，做菜時間到，把食物放進電鍋，就可以繼續做自己的事，寫稿、運動、看書、跟朋友聊天或打掃，15分鐘電鍋跳起來就可以吃了。

食物一經高溫油炸、高溫燒烤、高溫快炒會讓熱量變高，消化、代謝速度變慢，火氣變大，導致肝發炎、功能變差。外食都是這些煮法，求快、求客人多、生意好，做菜快快快，為了好吃還會下重口味，如果你吃東西也講求快又下飯，別說熬夜會爆肝，肚子還會變很大。

4. 晚餐才是減肥的關鍵

白天的量怎麼吃、怎麼加大都無所謂（也別因此就囂張啊），晚餐吃少才是瘦身的關鍵，最好把晚餐熱量減低控制在200～500卡之間。晚餐少吃一定瘦，挑蛋白質（魚肉）、豆類和蔬菜吃，好飽又好消化，絕對瘦瘦瘦，還能在晚間修復肌肉，增加基礎代謝。

以前我晚睡（現在也常熬夜），半夜12點還在外頭吃火鍋是常有的事，大夥邊聊邊掃桌面食物，每次都吃到呼吸困難，睡覺的時候腸胃還在脹

氣。現在我要鄭重跟我的腸胃道歉，並改過自新。

早上才是腸胃工作量最好的時候，胰島素分泌的高峰期是下午 4 點到 6 點，所以最好六點吃完晚餐，最晚也不要超過 8 點。晚上太陽下山，身體各器官已經準備休息、無力工作，若繼續大吃，身體只好把這些廢物存成脂肪，今天存、明天存，每天都讓身體加班，身體就是廢物倉庫，而你就是一個大……噴噴，說真的，體內髒，身體聞起來也是臭的喔！

5. 晚上少吃澱粉，減肥又抗老。

法國抗老化專家蕭夏博士說，澱粉類盡量在早、午餐吃，若在晚上吃，不僅容易下半身肥胖，也會影響腎臟功能，讓體內毒素清不乾淨，加速老化。

早上吃澱粉對減肥和身體好！但晚上澱粉吃太多除了易胖、易餓還易老，不得不注意飲食的時序和份量。

林頌凱醫師說：「晚餐可以不吃澱粉，但不建議長期如此。」我的辦法是：緊急需要減重時，一週內晚餐不吃澱粉，平時晚餐少量澱粉為主，選擇好消化、低升醣的澱粉吃（糙米飯、通心粉、蕎麥麵），比較不會累積多餘的脂肪。

成果報告

　　吃了鮮食半年，毫無飢餓感，還因此上癮，每天只想吃自己做的飯。基礎代謝越來越高（飲食、運動並進），經常製造極品糞便。

　　第二和第三個月，我身體出現好轉反應（會誤以為中毒），好轉反應的症狀跟毒素的排除有密切的相關。第二個月臉上先是長了些小疹子，我沒理它也沒擦保養品，二星期後自動消失，臉上皮膚變得很光滑。第三個月，我的屁股長了好嚴重的紅疹，開始大咳痰、鼻涕流不停！就這樣痛苦了 3 個星期，當時身體奇癢無比，怕自己毒還沒排完就先癢死或抓破皮，於是看了醫師吃藥也擦藥。

　　排毒期間我大量喝水、多運動、多洗澡，3 星期後痊癒（算久，可見體內有多毒），皮膚光滑細緻又緊實。

好轉反應

　　楊定一博士在他的書中提到「好轉反應」這個名詞。

　　好轉反應因人而異，有些人 2～3 天便好，有些人持續好幾個星期。症狀有：肌肉疼痛、頭痛、噁心、虛弱無力、沒胃口、視力模糊、口乾舌燥、突然嗜睡或失眠、出汗、發燒，排出大量黏液（鼻涕、多痰），大便顏色變深、偶爾拉肚子、皮膚排毒（青春痘、香港腳、紅疹、水痘、發癢，有些人泡澡還會發現洗澡水多一層體垢）、頻尿、尿液顏色改變。

瘦只是健康生活的附加價值，
要更營養、更有體力、更健康的瘦！

Healthy and Skinny

CHAPTER 05
你不能不知道的減重秘密

減重解密一

減肥 不 能 三 餐 全 靠 生 菜 水 果 ， 瘦 卻 像 鬼 又 老 得 快

「減肥只能吃生菜水果。」這是我以前認為減肥很不人道的原因，對我來說，生菜水果頂多只是前菜或附餐，怎能當主食？我是正常活動的人，不是仙。可怕的是吃了成不了仙，變鬼先！

用極端方式減肥的人，她們是瘦了，但手臂和大腿依然粉粉、泡泡、肉肉，該豐滿的胸部和臉頰都凹陷，因為白天沒吃澱粉！明明吃很多生菜沙拉，皮膚卻沒有光澤，還是便秘、大腹便便，因為沒吃好品質的油！手臂依然粗、屁股大腿的脂肪還在，因為她們減掉的是水和千金難買的肌肉！失去肌肉，大面積的脂肪就會趁機附著，而且因為脂肪形狀容易下垂，所以身體更容易變形走山！

瘋狂不吃看起的雖然瘦（憔悴），卻沒有人追蹤她們能維持多久？有沒有復胖？還有，長期不吃身體容易酮酸中毒，對內臟器官和皮膚都傷害很大，也沒人告訴妳！

有陣子日本大流行香蕉減肥法，新聞報導深田恭子靠香蕉減肥成功，造成香蕉短缺，方法是：早餐 8 點以前進食，以香蕉搭配大量的水；午、晚餐照吃，但別吃太脹，不吃油炸類食物，想吃甜點就吃香蕉，晚上睡前 4 小時不再進食，細嚼慢嚥。香蕉風流行過後，日本京都一代又興起奇異果減肥法，跟香焦減肥法一樣，只是換成奇異果：早餐吃 3 顆奇異果，8 點前吃完，搭配大量溫開水，

其他餐別過量，不吃油炸食物，細嚼慢嚥，不暴飲暴食，想吃甜點就吃奇異果。

明眼人都看得出這兩個減肥法幾乎一樣，不同的只是水果。這 2 種水果營養豐富且有大量酵素，能幫助消化、消除水腫。內行人都明白，除了水果，真正瘦的原因是後面叮嚀執行的規律飲食、生活習慣：7 點早起，空腹吃水果當早餐，增加體內食物酵素；細嚼慢嚥增加飽食感不暴食、不吃油炸物增加消化負擔，睡前 4 小時不再進食。

正常作息之外，健康的飲食習慣也是不胖的關鍵，只要戒掉加工食品、油炸物、宵夜、多喝茶、多吃水果，加上早睡早起，維持身材不需節食或逼自己大量運動，靠日常活動或走路，照樣不胖。

有些人飲食不正常，一便秘就急著買通宿便的酵素吃，真的不要！外面賣的酵素大多是化學加工食品，幸運的話狂拉不止（**24 歲時朋友介紹我一款排宿便的減肥茶，讓我約會不斷水洩，夾都夾不住**），更慘的是送醫院掛急診。我朋友曾在便利商店買了排宿便的酵素粉泡了吃，結果急性腸絞痛差點痛暈，大便還是出不來，只好半夜掛急診！**天然的食物酵素才是正確健康的選擇，要長期累積，不能急就章的求速效。**

減重解密二

與其 排毒，先讓 自己 無毒，學習 毒 物 專 家的 飲 食 習 慣

以前讀過毒物專家林杰樑醫師的養生之道：少鹽、少糖、油適量、吃便宜當令蔬果食物，不迷信健康食品或生機飲食，堅持自己料理不外食。

林杰樑醫師很瘦！我想，瘦只是無毒的附加價值，身體沒有毒素就不會肥胖。

林杰樑醫師的飲食方式：
1. 早餐吃豆漿、饅頭、麥片、白煮蛋。
2. 三餐使用少量葡萄籽油。
3. 料理方式多用水煮、清蒸或微波。

自己做手工饅頭

4. 菜桌上都是價位較低的(高麗菜)、(絲瓜)。因為菜價跌，農民便不會撒農藥，可以趁機多買些冷凍；菜價高，農民為了搶賣，不但會多用農藥，還會提早採收，這時可以用冷凍蔬菜代替。

5. 清洗方式：蔬菜用流動的水清洗浸泡 15 分鐘。帶皮的水果先清洗後削皮或剝皮，連棗子、蓮霧、芭樂也削皮。

6. 林醫師平時多食(蔬果)，一周吃兩次(魚)。魚挑小型魚（鯖魚、花飛魚、竹笑魚），因為大型深海魚累積較多毒素，肉只吃雞胸肉不吃皮，豬肉選擇優良肉品，不吃內臟。

7. (不吃加工食物和發霉的醃製食物，也(不吃綜合維他命)等保健食品。

　　只要少吃加工和化學成分的食品，身體就不會累積代謝不掉的毒素，林杰樑醫師說：「身體器官和免疫系統會自然排毒，所有營養素食物裡都有，偶爾吃炸雞、薯條、燒烤也無妨，1 個月 1 次剛好。」

　　很多報導都說林醫師的養生法看似簡單卻好難做到，我覺得有夠簡單，不知道難在哪？無毒生活的重點其實只是親自採買、清潔食材、手作料理、不外食、均衡飲食，不依賴綜合維他命如此而已。認為難的應該都是懶得動，不想自己花時間料理，只想外食的人。老實說，自己料理並不會太花時間，可以超簡單又超省錢！

減重解密三

想(維)持健(康)、年(輕)、(彈)性、充滿(香)氣的(美)體，一定要會做新(鮮)料理給(自)(己)(吃)

　　楊定一博士說：「活的食物是最健康、最有療癒力的工具。」也是充滿活酵素的食品。記得幾年前小米缸提到，她的曼谷友人說：早餐應該吃活的食物，比如水果、水煮蛋或飯、菜，不該吃麵包、果醬。這話深植我心，我竟遲至今日才開始執行。

　　吃健康、新鮮的食物就算過量，也絕不會胖到哪裡去。

身體的健康情況不但會直接反映在皮膚上，還會反映在體味上，包括汗味、口味和屁味，只要臭就不太正常，健康的身體不太會臭！吃太多肉，沒喝水、沒吃水果、吃過油、過鹹的食物，再加上熬夜，火氣特大的人，什麼都臭。

這半年來，我沒有特別為了減肥少吃過（**不當自己是在減肥的人，大食怪重出江湖，過年也得準備掃桌秀討婆婆歡心**），只維持穩定的營養飲食，三餐都吃鮮食料理，每天都覺得身體很舒服，胃不再脹氣、不再胃酸、不再打嗝，每天大便 3 次、漂亮不沾紙的收尾。小腹平坦、皮膚變白、變細，汗腺暢通，一運動就放屁（香！好啦，不臭就是，真的我發誓），不管排出什麼都不臭！

一切只因吃了大量的新鮮活食物。

減重解密四

做 **菜** 本 是 很 **解** 壓 ， 很 **享** 受 的 過 程

心理學家認為做家務是種很解壓的行為，因為不花太多腦力，重複單調的行為很快就能看見成果，是最原始的減壓方法。

不要把做菜當作煩人的家務事，這樣想會讓你越做越操勞、越做心情越差，也不要把：「我不學做菜」或「我很忙，沒空煮飯。」掛嘴邊，反而失去很多樂趣和成就感。＜美味關係＞（Julie & Julia）是我最愛的電影之一，料理改變兩個女人的一生，看 Julia(梅莉史翠普) 做菜好自在、好輕鬆，下廚還戴著珍珠項鍊，真有女人味，沒有灰頭土臉，也沒有滿頭大汗。

沒有人學不會做菜。不管哪一種技能都要透過練習，一回生、二回熟，從生手變好手，

不要排斥也不要害怕，若一開始不想花時間，妳就永遠體會不到它帶來的快樂！

把做菜當創作就會越做越有氣質，充滿藝術、情趣和愛的料理保證讓妳越吃越美。料理就像穿搭，如果做菜只是把菜煮熱弄熟，隨便盛盤就上桌，就像衣服永遠只會上半身搭下半身，穿個鞋就出門，沒有配件、不重視整體搭配，不在乎外表吸引力，這種生活久了無趣的可憐。

繽紛的食材、豐富的營養、搭配出色香味的料理，看在眼裡、吃在嘴裡、爽在心裡、好在身體！優雅細緻的身體也是穿搭的一部分，想變美怎可以不管身體的形狀呢？

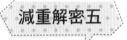

減重解密五

極速料理的健康冰箱管理術

我做菜極速得歸功另一半給我的「考驗」。

黃博工作太忙，晚餐沒時間吃，常餓肚子回家，回家已經 11 點半或 12 點，懶得出門，想在家吃東西又不想麻煩我，覺得做飯洗碗很辛苦，想叫麥當勞外送，又怕吃完就睡、越來越胖。

我希望他健康，更希望他吃我的料理才不會變胖！我告訴他我超愛做菜，不用擔心我覺得麻煩，更保證上菜時間不超過 10 分鐘（**故作輕鬆狀**），不會洗太多碗（**我一個人吃也這樣，一大盤搞定**），他才同意我弄給他吃，他也被我上菜的極速嚇到了！（**我家沒有微波爐，不然應該更極速**）

為了料理速度飆快，蔬、果、肉類買回家後，馬上清洗、處理、分類和收納，花兩小時就能完成下週要吃的食物，划算！

1. 水果和做好的小菜放冰箱上層方便取用。

蘋果、香蕉、木瓜、奇異果等帶皮水果不處理，除了香蕉外都可冰冰箱。葡萄買不用去皮的品種，用麵粉淘過清洗或水流清洗乾淨後放玻璃保鮮盒。蓮霧、芭樂、鳳梨、芒果、木瓜、哈密瓜可先切成塊放保鮮盒。

每次採買食材後，我會馬上做涼拌菜冰冰箱（**請參考激瘦料理**）。每次都做 4 道菜（**醃黃瓜、醃蘿蔔、醃西洋芹、肉味噌、果香毛豆、四季豆拌雞肉**），做為一週配菜。做完 4、5 盒小菜大概花 2 小時，做了幾次熟練後，現在只要 1 的半小時就全部搞定，約聽完一張專輯的時間。一邊做菜、一邊洗衣服，做完菜衣服也洗好了，把小菜送進冰箱、晾衣服。

啊～我真是家政婦女王。

全都處理好，隔天醒來就有新鮮的果汁和飯菜可以吃可以喝。

就像開店備料，我家冰箱是不打烊的鮮食餐廳！冰箱一開就有現成的食材，客人隨時 order 都有得吃。

最上層有即時燕麥片、煮熟拌入亞麻仁籽油的通心粉、糙米，還有優格。

第二層是涼拌小菜類，這次的菜色是涼拌花椰菜、雞肉四季豆、果香毛豆、肉味噌、蕃茄。

第三層滿滿的水果，有奇異果、黃金奇異果、蘋果、香瓜、百香果、水梨；香蕉、木瓜不需要冰！會黑掉。

第四層是醃漬泡菜，有醃小黃瓜、白蘿蔔、漬芹菜、百香果漬南瓜，和切好的檸檬、紅蘿蔔，準備早上打果汁用。

事先準備好涼拌菜和醋漬菜，一盒一盒方便隨時拿出來吃。

全都是事先做好的涼拌菜，從冰箱拿出來回到常溫就可食用，肉味噌拌入熱騰騰的白飯馬上就熱起來，就是好吃的早或午餐。

> 想認識一個人，打開冰箱就知道，是不是收納整齊？食材怎麼處理？都吃些什麼？蔬菜豆腐？垃圾？還是噴？還是太空食物（不食人間煙火那種，多吃機能飲料、維他命）？冰箱裡的東西差不多就是一個人身材和人生的縮影，冰箱亂七八糟，人生也可能一團糾結，健康不會好到哪裡去，身體不舒服，情緒也容易低潮。這些都是一連串的蝴蝶效應。

2. 蔬菜區放冷藏。

四季豆、花椰菜、高麗菜、西洋芹分類整理好。青蔥洗好、切段，方便切末或切絲使用；洋蔥剝皮切半，一部分先切丁；薑清洗乾淨用餐巾紙包起來防止潮濕；大蒜放進密封罐。

小白菜、地瓜葉、菠菜、青江菜等葉菜類都是方便清洗的食材，所以只要分類收好即可。

3. 肉放冷凍前先分類。

買回來的魚肉我會先切好後用保鮮膜把它們一份一份分裝包好，或用保鮮盒分類好，要吃再一塊一塊拿出來退冰，不必把一整個團體全拿出來退冰，吃不完又冰回去，來來回回肉質會變壞。常備雞腿肉、絞肉和豬肉片。

每天晚上先煮好隔天要吃的飯。

需要醃製的食材也可先處理。魚的醃料很簡單：醬油、糖和醋或鹽和胡椒，多重變化還可以加入味噌或塩麴；絞肉的調味跟水餃餡沒兩樣，蛋黃、醬油、胡椒和香麻油。

平常做菜只需花 3 到 5 分鐘擺盤，送入電鍋或烤箱，15 分鐘就可以吃。幫黃博煮宵夜平均 10 分鐘，有肉有蛋還有飯（精密計算過喔）。

減肥中難免失控，放心，你不會因為這次就把自己吃胖

　　我的生活偶爾會有一些大吃大喝的機會，快樂的場合一定失控，失控的時候已經管不了白天吃澱粉、晚上吃蛋白質，全部混著吃！

失控的時候我只把握一個原則：

1. 先吃水果、多吃青菜、絕對細嚼慢嚥！
2. 餐與餐之間最好隔 4 小時，最晚進食時間不超過 10 點，最後一餐到隔天第一餐之間一定要隔 12 小時。

　　萬一失控再失控！比如難得出國或忽然被黃博帶去的豐原廟東夜市之旅，蚵仔煎、蝦仁肉丸、排骨酥湯……千載難逢，我不但通通吃，還打包！

　　乾脆就豁出去！如果這時候還想著卡路里、澱粉、蛋白質分開吃，10 點以後不能吃，很掃興耶！我絕對把握機會大吃特吃，吃通宵也無所謂。

　　大吃前我已經存夠瘦身老本（**無氧運動練肌肉、多吃蔬菜水果增加體內酵素**），偶爾揮霍一下無傷我雄厚的資本。

　　如果減肥是壓力，一定會越減越肥。胖子不是一、兩天養成，妳也絕不會因為一次大吃就復胖！復胖也要二周以上，頂多只是累積一些處理不完的大便，之後恢復正常飲食，盡量增加運動量，把廢物排出就可以（請參考大便篇）。每一次運動都在清除早前累積下來的廢物脂肪，有穩定的運動習慣，就不用太擔心。

對了，隔天醒來記得多喝水，喝比平常多一點！再做點腸子運動，保證乾乾淨淨。如果妳平常照著我前面寫的方式飲食，還有照著我後面寫的方式運動，不必太擔心，燒肉、麻辣鍋也不會變胖。

減重解密七

如果持續用 饞 豬的方式 養 自己，就別期望自己是隻 猴 子

一定要這樣告訴自己：今天你吃下的每一種食物，都要讓 10 年後的你負責，吃下去的東西會影響你的身體形狀還有機能。勤做食物紀錄，你就會明白：你的外表和精神（**甚至疾病**）究竟是怎麼一回事？

我的好友 Ryan，12 年前是我的學生，認識他的時候是個身材標準且精壯的帥哥，我以為像他這樣的帥哥應該處處吃香，為人囂張！事實上，他非常非常有禮貌又客氣。有天他拿出以前的照片給我看，他說他的心裡住著一個自卑的小胖子。

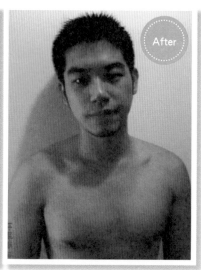

「我到現在還是很自卑！胖子心結從來沒有離開，穿衣服還是不敢穿太緊身，就算穿寬 Tee，外面還是要再罩一件襯衫，比較有安全感。」

「胖子的痛苦就是買不到褲子！尤其是牛仔褲。你可以想像一直試穿不同尺碼的褲子，發現穿起來很醜，還得一直請店員幫你再拿大一點的那種

辛酸和羞愧嗎？後來根本不想買衣服和褲子，永遠就是那幾件重複穿，這就是胖子服裝上沒有太大變化的原因。最可憐的是沒自信！不敢拒絕別人的要求、不敢有太多社交活動，永遠不會成為注目的焦點，只懂默默做好自己份內事，做到好，給人的印象不過就是很乖、是個好人。」

國小三年級的時候，老饕級的爸爸開始帶著 Ryan 到處吃超好吃的滷肉飯當宵夜，天天這樣吃，短短兩個月已經養出小胖子，只是當時年紀小，還在可愛的範圍，就這樣長到 17 歲，開始覺得爬樓梯好喘，跑步總是最後一名。

每個胖子都有一個減肥的 Opening，Ryan 減肥故事的開端是因為有了喜歡的人。雖然一開始也試過很瞎的纏繃帶、蘋果減肥法，但很快就走到健康減肥這條路。

「一開始我先記錄自己平常吃些什麼，才發現自己真的吃太多零食和油炸物，原來自己都吃這麼不健康的東西！下一步就到便利商店研究食物的營養成分和熱量表，再決定哪些吃、哪些不吃。」

覺察是改變的開始，有意識地注意自己的飲食習慣才有改變的動機和動力。有了知識，減重之路更有力量。

「減肥是一輩子的事，我不追求太快瘦，這樣肥胖紋才不會太明顯。一定要循序漸進，不要太急，先慢慢戒掉舊的飲食習慣。第一週戒零食、第二週戒飲料、第三週戒油炸……再慢慢培養新習慣，三餐份量慢慢減少，第一週先不吃澱粉，吃大量蔬菜，晚上可吃火鍋，燙大量蔬菜、蒟蒻絲、豆腐和低脂肉片，增加飽足感。平常餓的時候吃蘇打餅、蕃茄、芭樂。慢慢瘦下來，身體變輕鬆了，才開始做其他訓練。」

十幾年過去，Ryan 說，他現在還是這樣，過著節制簡單的生活。

早睡早起的 規 律生活，就是最 健 康的減肥 密 技

還記得我的助理小米粥嗎？那個經常偽裝成孕婦的小米粥……

大學畢業後當兵，因為生活規律、三餐定量（沒宵夜可吃）、早睡早起、抬頭挺胸踢正步，天天站崗，據他說並沒有操得多慘，看！竟然瘦成這樣！

連他都不相信自己也有瘦的一天！

他保證並沒有想過要減肥，會瘦只是因為被逼著早睡早起。「因為我是靠臉蛋吃飯，不是靠身材！」最後還丟下一句：「歡迎大家加入國軍部隊。」

當兵的時候每天晚上 10 點就寢，早上 6 點起床，無憂無慮很快就入眠的傢伙真是太幸福了。

華盛頓大學也有學者研究表示，睡眠時間不足可能是忙碌現代人肥胖的原因，睡眠品質影響自律神經與荷爾蒙，這兩者與基礎代謝率息息相關，基礎代謝率高，身體就會變年輕，基礎代謝率高睡眠中也能繼續燃燒脂肪。

一定要睡得夠，睡得好。

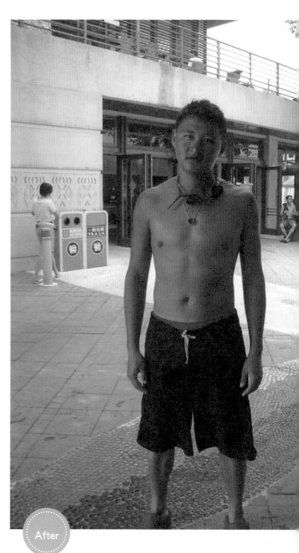

After

睡眠
品質好　＝　易瘦
體質　　　睡眠品
質差　＝　易胖
體質

　　睡前一個小時盡量保持安靜，燈光轉暗，盡量別看電視也不要再上網或看書，放些音樂放鬆，點精油或香薰燈，深呼吸，做些拉筋、伸展動作，幫助身體進入休息狀態。

　　所有的煩惱，明天再說吧！

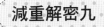

減重解密九

大 吃 大 喝 還 **瘦** ０.２ 公 斤，
全 靠 細 **嚼** 慢 嚥 、 高 基 **礎** 代 謝 和 體 內 **酵** 素

　　基礎代謝可以燃燒身體熱量的 6～7 成，運動佔 2 成、消化食物佔 1 成，可見基礎代謝的重要性。

> **基礎代謝有公式可算：**
> BMR（男）＝（13.7×體重（公斤））＋（5.0×身高（公分））-（68×
> 　　　　　年齡）＋66
> BMR（女）＝（9.6×體重（公斤））＋（1.8×身高（公分））-（4.7×
> 　　　　　年齡）＋655
> 嫌麻煩的話就去買個 TANITA 體重機，可以計算基礎代謝，還可計算
> 體內年齡、骨齡和內臟脂肪。

　　最初運動時我不量體重也不管體脂肪，更沒注意基礎代謝，因為當時重點在快速減脂消肉。3 個月後我改變策略，研究食療保持身材、開始注意基礎代謝的數字，發現它的數字會越來越高，就越爽。

增加基礎代謝就是躺著也能瘦的秘密！這是很珍貴的秘密。

基礎代謝下降的症狀：

無論多努力減少食量或運動，都無法順利減肥。易疲倦、愛睡覺、四肢冰冷、水腫，尤其是眼睛四周及眼皮；頭髮乾燥、皮膚及指甲薄而脆弱、經期過長或經量過多、憂鬱、記憶力差、缺乏集中力、容易感冒、感染和過敏、聲音低沉。

基礎代謝下降的原因：

1. **年紀增長**：隨著年齡增長，基礎代謝就會下降。

2. **體溫下降**：體溫下降，基礎代謝也跟著下降。女人隨著年紀漸長，體溫逐年下降，無法維持在正常的 36.7 度，無法用良好的速度燃燒脂肪。夏天體溫上升，基礎代謝也跟著提高一點，是減肥最有利的時候，尤其 4~8 月的當季水果大多有利尿、排毒功效。老天是不是很厲害？知道夏天要人類瘦一點！但夏天吹冷氣也會讓體溫直直降，身體很多功能便無法有效率的運作，要更加注意。所以少吹冷氣、少吃冰冷食物和飲品。

3. **不吃澱粉**：耳提面命啊！白天不能少吃澱粉。白天沒澱粉，身體便沒能源可用，於是只好降低基礎代謝（就像瓦斯不夠，爐火就變小）。基礎代謝變低，燃燒脂肪的速度就變慢，體內年齡也會增加：老化！反之，基礎代謝率提高，就年輕化！一復食就變胖，因為代謝已經減慢，加上身體太飢渴，吃進來的東西好壞照單全收，一下吃太多消耗不完，變成脂肪堆積。所以復胖的個案大都變得比以前更胖、更虛。35 歲以上的人不得不謹慎看待這件事。

4. **肌肉減少**：肌肉增加，基礎代謝就增加，反之就減少囉。

5. **體重減輕**：減肥停滯期就是因為基礎代謝降低。當你因少吃而讓體重變輕，基礎代謝也會跟著調慢，是非常正常的生理反應，先有這心理準備。減肥如果只靠少吃，約 3 個月（或 1 年，視減肥速度）會出現停滯期。停滯期表示身體已經知道你正在減肥。要突破停滯期就要再減少食物的份量，或者增加運動時間。

提高基礎代謝的方法：

我這幾個月都致力在讓自己提高再提高基礎代謝。

1. 早餐一定要吃澱粉。

白天一定要吃澱粉，還要記得補充加強代謝的食物：牛奶、豆腐、肉類、綠色蔬菜、蕃茄、水果（奇異果、葡萄柚）、辛香料（胡椒粉、辣椒、咖哩）。放心，激瘦料理全都有！又消水腫還增加代謝。

2. 每天 5 分鐘無氧運動增加肌肉群：

平常運動就是幫你儲存基礎代謝，運動不用多，重點是每天！

少女時代的瘦身原則：4 分鐘有氧運動、3 分鐘肌力運動、2 分鐘有氧運動、1 分鐘緩和運動。我把強度增加 5 倍，改成適合自己時間和喜好的方式：每天 20 分鐘快走運動、15 分鐘肌力運動（啞鈴）、10 分鐘拉筋伸展、5 分鐘按摩紓緩，總共 50 分鐘。輕鬆簡單，只要持之以恆，中女也會變少女。

3. 注意身體保溫：

對女人來說保暖好重要，尤其肚子不能寒，多加護腰帶、少吃冰，肚子一寒太容易堆積脂肪了。

瘦身期間盡量多吃些高溫（熱茶或熱湯）、溫良屬性或有熱量的食物才會加快瘦身速度。這些食物讓體溫維持在健康的數據，再加上運動會體溫上升，身體溫暖，新陳代謝增快！而且吃熱食更減壓。

4. 多喝水。

喝水效果太優！不管在皮膚質感、代謝、排泄都反映滿分！

讓酵素幫你加強消化代謝：

　　平常多吃蔬菜水果（空腹或餐與餐之間）就能增加體內食物酵素，加強消化、代謝。當你的腸內充滿好菌，消化系統運作健康，身體也會很清爽。平常營養均衡（吃激瘦料理會讓腸內多好菌，養出激瘦體質）、飲食規律、又有固定的有氧、無氧運動（肌肉多多），也喝很多水，睡眠也夠，你已經是擁有吃不胖體質的大辣妹！

　　上一趟的香港旅遊，我每餐都吞下雙人份食物，3天後回台灣還是瘦了0.2公斤！

　　我的訣竅是：早上醒來先喝一大罐水（飯店提供），接著做些房間也能作的伸展和無氧運動。用飯店早餐先吃水果（香蕉、蘋果、奇異果、鳳梨），再吃澱粉（飯、麵、馬鈴薯、麵包）、蛋白質（肉類、蛋、納豆）、起士和水果、咖啡或茶。吃完回房繼續站著扭動一下腰部，馬上大便。出門逛街不忘補充大量的水分。吃完飯繼續逛街，記得抬頭挺胸縮小腹。洗完澡給全身按摩擦乳液，睡前抬腿。

　　睡覺的時候就交給基礎代謝囉！

減重解密十

台灣人有一樣數據是 亞 洲 第 一，美 食 最 多 ？ 夜 市 最 多 ？ NO ！ 胖 子 最 多

　　聯合國肥胖監測小組報告顯示：台灣人是亞洲最胖！Abby 說：「我如果住在台灣一定胖死！」

台灣人較難瘦下來可能有這些因素：

1. 很難戒掉的重口味飲食：

研究調查台灣人在生活有幾個導致肥胖
的壞習慣：不喝水，愛喝含糖的化學飲
料、不吃蔬菜水果、常喝酒、愛吃化學營
養品和成藥、吃太多鹽酥雞和燒肉，肥胖肇因多半跟飲
食文化脫離不了關係。台灣處在這些國家之間，最有特色的是夜市
文化，夜市多珍珠奶茶、鹽酥雞、大腸包小腸、麻辣鍋、魷魚羹、
滷肉飯、臭豆腐⋯⋯一趟下來全是重口味、難消化又缺少營養的食
物，非常易囤積毒素和廢物在體內，難代謝。

2. 走路和睡覺姿勢、習慣不良：

台灣人走路像散步，彎腰駝背、眼睛看地上、移動緩慢。體育競賽
雖然不差，但全民運動習慣差，大多用眼睛看，不動的人多。再加
上台灣網路居亞洲之冠（大家都種在電腦前面移動滑鼠）、電視頻
道亞洲最多（都種在沙發上當馬鈴薯）、24 小時的場所最多（餐廳、
MTV、KTV、漫畫網咖、撞球間⋯⋯宵夜無止境供應），熬夜的人多，
飲食過油、過鹹，這些久坐不運動和睡眠不足的不良生活習慣就是
肥胖主因，再加上坐姿和睡姿不良，也容易在不對的地方囤積脂肪。

3. 極端飲食，不吃或亂吃：

台灣人壓力大，每天趕著上班，沒
空吃早餐、不吃早餐腸胃便無法健
康蠕動，身體也沒有能量可以幫你
代謝。一忙起來總是邊吃邊工作、
狼吞虎嚥，8 分鐘吃一餐，吃太快沒
有咀嚼也會增加腸胃消化負擔，影
響代謝速度，而且吃太快會影響飽
食感，可能會一不小心就吃過多。

悠閒的歐式早餐。

4. 宵夜文化常態化：

大部分的人都是忙到下班結束才開始覓食，為了犒賞自己或慶功，
大吃特吃，有時甚至 10～11 點才吃晚飯，到了半夜或凌晨，還會有

宵夜場。這時身體正處在修復時段，很難分出力氣來同時代謝食物，吃多就只能累積在體內。

5. **便利商店太方便：**

飲食在台灣過度方便，大部分人都靠微波食品、泡麵解決一餐，長期累積太多精鹽、精糖、人工添加物和防氧化劑，吃下去的食物只是補充熱量，沒有酵素、纖維素和營養素，久了以後就容易便秘，一便秘就想到吃優酪乳或市售酵素，結果可能吃下過多的糖，拉了便卻肥了肚，還可能傷了腸胃。

6. **提到減肥只想到降低熱量，卻忽略其他營養素：**

我減肥不在意熱量，因為低熱量食物雖可以瘦，卻不夠營養，還顯老態。有充足的營養素才會幫你瘦得更快、更美。預防醫學多次強調天然食物的營養素才會在體內形成各種反應，讓器官健康，代謝速度加倍！

7. **渴望速成：**

台灣人 90% 有減肥動機，30% 曾有減肥行動，不到 10% 的人維持長期的減肥行動（動起來，你就是前 10%）。口頭禪：沒時間。即使很簡單，也不想慢慢來。

要改變，一定要先覺醒：你到底還想過這樣的生活多久？

重口味和吃到飽還有懶得動的生活習慣就像菸、酒、毒一樣難戒！也會有戒斷現象（疲勞、心靈好像沒寄託、容易放棄再暴食），所以一定要循序漸進，不要馬上全有或全無，慢慢來，不要急。

美好的身體需要一輩子照顧，改掉不良的生活型態和習慣、剔除不正確的減肥常識、多吃對的食物，這樣由內而外的照顧，才能讓你健康美麗、瘦一輩子！

「奈奈問我：『身材重要還是臉蛋重要？』當然是身材重要啊！臉蛋可以靠化妝、靠醫學美容，身材可是要靠實力！」

跟奈奈認識 13 年了，從她還是 20 好幾的辣老師，到後來變成 30 好幾的姨字輩，我一路都在她身邊，她身材走勢圖我可以說是最清楚的幾人之一，以前的奈作息不正常，熬夜趕稿、鮮少起來動，加上半夜常約麻辣鍋、燒肉這種高脂肪的宵夜約會，一度也經歷過肥肉期，後來看著她發憤投入運動和養生飲食的世界，整個人像回春一樣，變成少女體質，最過分的是，竟然開始跟我一樣穿起 XS 號！這人比我高很多耶！！！

記得奈在一年多前曾傳一張小腹凸起的照片給我看，我嚇到問她：「是懷孕了嗎？」沒想到才一年的光景，她幾乎快練出腹肌 XD，好驚人的毅力和轉變。

我因為住在奈奈家隔壁的關係（只隔著一道門的距離），常被她包養，跟著吃她設計和料理的健康減肥餐，也一起運動健身，現在身體變得比較健康，最明顯的改變就是排便超順暢，一天少說兩次，有時三次是家常便飯。所以孟母三遷不是沒道理，好鄰居帶妳上天堂啊，哈哈哈哈哈哈哈哈。

重點不是叫大家搬來奈家隔壁啦！是說趕快買這本書回家，就像奈住到妳家隔壁一樣，有了專屬的有氧舞蹈老師和營養師！

是的！我就是那個胖奈穿泳裝、一直覺得被拍太胖要求重拍、但其實根本是真胖時期的見證人！

說真的以前也沒有覺得奈有胖，尤其是她露出來的手腳都細細的很會藏胖，平常在家看多了肚子也沒甚麼好大驚小怪……

一直到她後來每天運動、身材一天比一天越來越精實的現在，每次看到她都會驚呼：「哇！！瘦奈！怎麼這麼瘦啊！」（並 OS: 以前那個胖婦到底是誰？？？）

我真的很佩服奈立下目標就持之以恆、說到做到的決心！

看著奈一路走來，除了持續堅持不放棄之外，好像也還蠻輕鬆～噗，畢竟什麼好吃的也都沒少吃過啊～呵，所以我想她這本曠世巨作大補帖一定可以鼓舞幫助到很多人，只要有信念，鬆身也能變合身！！

左起（小妲）、中間（奈奈）、右（CPU）

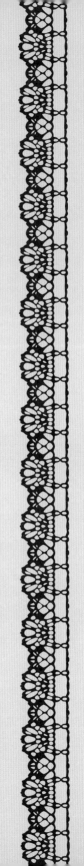

瘦美人 Grace　04

奈大孅變 XS 小姐!!
大食女 49 天甩肉排毒奇蹟變身全搞定

作　　者　　貴婦奈奈

發 行 人　　馮淑婉

主　　編　　熊愛玲

編輯協力　　Selena、李佳玲、阿奇、熊愛玲

行銷企劃　　縱橫公關

出版發行　　趨勢文化出版有限公司

　　　　　　新北市板橋區漢生東路 272 之 2 號 28 樓

　　　　　　電話◎ 2962-1010

　　　　　　傳真◎ 2962-1009

封面設計　　R-one

內頁設計　　徐小碧、小傑

校　　對　　五餅二魚工作室

初版一刷　　日期－ 2012 年 9 月

四版29刷　　日期－ 2012 年 11 月 9 日

法律顧問－ 永然聯合法律事務所

奈大孅變 XS 小姐！：大食女 49 天甩肉
排毒奇蹟變身全搞定

貴婦奈奈著 .-- 初版 .-- 新北市：

趨勢文化出版 ,, 2012.09

面；　公分 .-- (瘦美人；4)

ISBN 978-986-85711-2-9(平裝)

　1. 減重

411.94　　　　　　　　　　101016739

戀愛，是場至死方休的RPG!!

男人愛扣分，女人愛加分？

領銜主演　阿宅　花猴

阿宅[徐哈克] 著

蘇花猴, 三貓, 樓下管理員, 岳父, 岳母　真情推薦

知名部落客　　家裡的三隻貓　　阿福伯　　花猴爸　花猴媽

「喵的！你這個死阿宅！憑什麼？！
你憑什麼娶到像花猴這樣的正妹啊？！
比你條件好的男人少說也有千千萬個，
什麼時候輪到你啦？！」

真愛啦！
（被眾人踢飛）

公主要的不是王子，
是幸福快樂的日子。